U0566099

中国地震科学考察报告

——2021年5月22日青海玛多7.4级地震

Report of Earthquake Scientific Investigation in China

中国地震局地震预测研究所◎编

指导单位◎中国地震局科技与国际合作司

地震出版社

图书在版编目（CIP）数据

中国地震科学考察报告.2021 年 5 月 22 日青海玛多 7.4
级地震／中国地震局地震预测研究所编.—北京：地震
出版社，2022.12
ISBN 978 - 7 - 5028 - 5471 - 3

Ⅰ.①中…　Ⅱ.①中…　Ⅲ.①地震学—考察报告—玛
多县—2021　Ⅳ.①P316.2

中国版本图书馆 CIP 数据核字（2022）第 128471 号

地震版　XM5182/P（6286）

中国地震科学考察报告——2021 年 5 月 22 日青海玛多 7.4 级地震
中国地震局地震预测研究所◎编

责任编辑：郭贵娟　　刘素剑
责任校对：凌　　樱

出版发行：地震出版社
　　　　　北京市海淀区民族大学南路 9 号　　　邮编：100081
　　　　　发行部：68423031　68467993　　　　传真：68467991
　　　　　总编办：68462709　68423029
　　　　　编辑室：68467982
　　　　　http://seismologicalpress.com
　　　　　E-mail:dz_press@163.com
经销：全国各地新华书店
印刷：河北文盛印刷有限公司

版（印）次：2022 年 12 月第一版　2022 年 12 月第一次印刷
开本：787 × 1092　1/16
字数：184 千字
印张：9.75
书号：ISBN 978 - 7 - 5028 - 5471 - 3
定价：78.00 元

版权所有　翻印必究
（图书出现印装问题，本社负责调换）

地震科学考察指挥部

指 挥 长：张晓东　杨立明

副指挥长：丁志峰　何宏林　王海功　马玉虎

秘　　书：李　鹏　郭葆庆

成　　员：李　鹏　郭葆庆　陈　波　蒋汉朝

　　　　　温瑞智　赵　娟　李金育　杨延东

　　　　　张永仙　常利军　孟国杰　屠泓为

　　　　　姚生海　冯丽丽　蒋丽雯

地震科学考察工作组

野外地质调查工作组组长：李文巧　李　涛　徐岳仁

强地面运动与工程震害调查工作组组长：温瑞智

地震序列研究工作组组长：张永仙　赵翠萍　王武星

地震深部构造环境研究工作组组长：常利军

地球物理和地球化学异常变化研究工作组组长：冯丽丽　刘　磊　周晓成

地壳应力应变场分析研究工作组组长：孟国杰　甘卫军　熊　熊

地震科学考察参与单位

中国地震局地震预测研究所　　　　青海省地震局

中国地震局地球物理研究所　　　　江苏省地震局

中国地震局地质研究所　　　　　　防灾科技学院

中国地震局工程力学研究所　　　　湖北省地震局

中国地震局第一监测中心　　　　　兰州交通大学

中国地震局第二监测中心　　　　　同　济　大　学

中国地震台网中心

参与地震科学考察的人员名单

（按姓氏笔画排序）

丁　玲　　万永革　　马　震　　马玉虎　　王卫民　　王书民　　王　友　　王　龙

王未来　　王　芃　　王同庆　　王兴臣　　王武星　　王迪晋　　王海功　　王　洵

王勤彩　　尹海权　　何宏林　　石　磊　　占　伟　　冯丽丽　　母若愚　　吕苗苗

刘文邦　　刘　刚　　刘　泰　　刘　琦　　刘　磊　　许卫卫　　孙玺皓　　孙浩越

苏　鹏　　李　营　　李　涛　　李　鑫　　李　鹏　　李文巧　　李玉来　　李永华

李启雷　　李　君　　李忠武　　李浩峰　　李　琦　　李智敏　　李静超　　杨立明

杨业鑫　　杨光亮　　杨建思　　杨理臣　　杨　博　　吴忠良　　吴伟伟　　吴萍萍

何亚东　　佘雅文　　余鹏飞　　汪云龙　　张　达　　张友源　　张　兵　　张风雪

张永仙　　张丽峰　　张　怀　　张昊宇　　张金川　　张朋涛　　张彦博　　张晓东

张晓清　　张盛峰　　张瑞青　　陈长云　　陈　波　　陈桂华　　武艳强　　范莉苹

明跃红　　季灵运　　金　涛　　周晓成　　周晓峰　　郑　玉　　房立华　　孟国杰

苏小宁　　赵玉红　　赵国强　　赵翠萍　　胡朝忠　　胡维云　　胡维云　　哈广浩

姚生海　　秦彤威　　袁小祥　　袁兆德　　顾焕杰　　徐玮阳　　徐　凯　　徐岳仁

徐超文　　殷　翔　　郭　鹏　　郭慧丽　　唐方头　　黄　勇　　黄　浩　　曹学来

龚　正　　常利军　　盖海龙　　梁洪宝　　寇华东　　屠泓为　　董金元　　蒋　策

程　旭　　鲁来玉　　管仲国　　熊仁伟　　熊仕昭　　熊　维　　潘佳铁　　魏文薪

董彦芳　　洪顺英

摘　要

青海玛多7.4级地震科学考察（简称"地震科考"）取得以下成果和认识：

（1）此次地震使北西向、左旋走滑的昆仑山口—江错断层江错段发生破裂，在地表形成总长约160km的破裂带，地表同震位移为1～2m。

（2）此次地震使东昆仑断裂带玛沁—玛曲段应力积累水平升高。

（3）工程震害调查表明，近断层地震动的速度大脉冲和强竖向分量是导致此次地震桥梁震害的主要原因。

（4）未来1年需注意南北地震带中南段和南天山至西昆仑交界发生7级地震的可能。

此次地震科考获取了一批野外调查和观测数据，这些数据将促进地震活动地块划分、地震危险区确定和区域地震趋势等方向的科研与业务活动，并为争取国家科技资源持续深入研究提供良好基础。同时，此次地震科考以实战方式探索了面向业务化的地震科考的组织体系和队伍编成，与震后应急响应协同、前后方双指挥长机制、信息报送等实践，这将为后续地震科考实施提供借鉴经验。

序　言

　　地震科学考察（简称"地震科考"）是"近（时空）距离"研究和"解剖地震"的一个重要手段。地震之后的很多物理过程，如断层带的"愈合"，是随着时间而快速衰减的；很多工程破坏现象，随着迅速震后恢复工作的开展，也很快"消失"，因此把握地震科考的时间节奏很重要。现代应急管理中，"情景—预案"式的响应模式为"预案式"科考提供了重要思路。每个地震情况都不一样，每个地震也都有不同的科学问题，但通过预案，地震发生后科考就可以以"自启动"的方式马上开始。

　　2021 年 5 月 22 日 02 时 04 分，青海玛多发生 7.4 级地震，地震科考工作按计划自动启动。当日中午提交科考方案；15 时，中国地震局闵宜仁局长签批了地震科考方案和指挥部、地震科考队的组成；16 时，地震科考启动会召开。此次地震科考及时获取了震后野外调查和观测数据，取得以下发现和认识：玛多7.4 级地震使北西向、左旋走滑的昆仑山口—江错断层江错段发生破裂，在地表形成总长约 160km 的破裂带，地表同震位移为 1～2m；玛多 7.4 级地震使东昆仑断裂带玛沁—玛曲段应力积累水平升高；工程震害调查表明，近断层地震动的速度大脉冲和强竖向分量是导致此次地震桥梁震害的主要原因。这次实战演练具有以下三个特点：

　　一是启动快、组织效率高。在震后 24 小时内即启动地震科考，同时，也是在常态化新冠肺炎疫情防控条件下开展的地震科考。

　　二是地震科考在有计划的条件下开展。此次地震科考，实现了地震科考与"年度危险区震情跟踪监视科技支撑责任区"工作的有机衔接：玛多 7.4 级地震就发生在中国地震局地震预测研究所负责"责任区"工作中的"甘—青—川交界"工作区附近，由此自然确定了地震科考牵头单位。地震科考实践了地震科考工作与地震应急处置的有机衔接，相关工作为地震应急处置现场提供了支撑。按照计划开展地震科考的各项工作，并在地震科考实践中进行计划的动态评估和渐进式修订，根据实际情况建立并实行"双指挥长"机制，发挥了重要作用。

三是地震科考工作取得了预期效果。加入这次地震科考成果和建议被地方政府采纳和好评的结果。各单位坚持不懈的能力建设，使地震科考中一些关键性观测的部署效率极大提高。

地震科考工作表明，目前我们对地震序列的性质判定和强余震的概率性预测已经形成了一定的能力，如何用好这一能力，在条件有利的情况下重现1966年3月邢台式的成功，同时尽可能避免2009年4月拉奎拉式的失败，需要在自然科学、工程技术和社会科学的"交界"开展深入研究。

2022 年 7 月 18 日

目 录

第一章

2021 年 5 月 22 日青海玛多 7.4 级地震科学考察总报告

2021 年 5 月 22 日 02 时 04 分，青海果洛州玛多县发生 7.4 级地震，震源深度约 17km。22 日 16 时，青海玛多 7.4 级地震科学考察（简称"地震科考"）启动，由中国地震局地震预测研究所（简称"预测所"）、青海省地震局（简称"青海局"）牵头组织实施，指挥长为张晓东、杨立明，副指挥长为丁志峰、何宏林、王海功、马玉虎。目前，现场地震科考已完成，现将相关工作报告如下。

一、主要科学问题及地震科考任务

青海玛多 7.4 级地震科考的主要科学问题包括：

（1）从地质学、地震学、地球动力学等方面研究地震发震构造，推动完善我国大陆活动地块科学理论。

（2）对地震发生于十年尺度地震重点危险区和年度危险区以外的原因进行分析，完善相关危险区确定技术方案。

（3）本次地震对甘—青—川交界地区地震趋势的影响。根据科学问题，分为 6 个工作组开展地震科考，具体任务如下。

（一）野外地质调查

现场开展地震断层和地表破裂带调查，研究同震地表变形（破裂）与地震灾害分布，判定发震构造和变形机制，给出震区地震地表破坏与构造变形（破裂）分布图。

（二）强地面运动与工程震害调查

对震区强地面运动分布特征、地质灾害、工程震害进行调查，给出地面运动峰值参数（PGA 和 PGV）分布图和地震烈度分布图，实现对主震地震动场的构建；基于震害分析资料，对工程结构震害特征和破坏机理进行分析和研判，服务韧性城乡建设；校核与修订灾区地震区划图，服务灾区恢复重建工程。

（三）地震序列研究

开展地震现场流动观测，分析处理地震观测资料，通过地震序列精定位、震源机制解给出余震序列精定位空间分布图，描绘地震破裂过程，判定地震序列类型、发展趋势及对周边区域、中国重点地区强震危险性的影响，加强对触发地震的监测分析，研究巴颜喀拉块体强震发展趋势。

（四）地震深部构造环境研究

利用地球物理观测资料，对震源区地下结构和深部构造环境进行成像研究，给出深部结构特征，分析地震发生的深部动力背景。

（五）地球物理和地球化学异常变化研究

基于震中及周边区域地球物理和地球化学流动观测资料，对震后地球物理和地球化学特征变化进行分析，给出深部流体运移特征，研判震后趋势。

（六）地壳应力应变场分析研究

基于 GNSS 等观测手段，计算震前区域地壳应力应变场，观测获取同震变形、震后弛豫变形，研究获取介质黏弹性参数，给出震前震后的形变变化特征。

二、地震科考进展及阶段性成果

（一）野外地质调查

野外地质调查组由中国地震局地震预测研究所（简称"预测所"）、中国地震局地质研究所（简称"地质所"）、青海省地震局（简称"青海局"）3个单位20人组成，分为1个无人机测绘组和4个地表破裂带调查组。震后1小时，青海局5人即启程前往震区，并于当日（2021年5月22日）10时抵达震区；预测所和地质所也于地震当日启程，分别于22日24时和23日15时抵达灾区。6月8日结束地表破裂带调查，6月15日结束地表破裂带无人机测绘。目前形成以下阶段性科考成果：

1. 发震构造与地表破裂带特征

玛多7.4级地震的发震断层为北西向、左旋走滑的昆仑山口—江错断层，破裂段为江错段。地表破裂长约160km，主要由线性剪裂隙、斜列张裂隙和张剪裂隙、挤压鼓包、地震陷坑等构造类型组合而成，在河谷、沼泽地区伴有大量喷砂冒水、砂土液化和重力滑坡等。如图1-1所示，为玛多7.4级地震地表破裂带分布图。

地表破裂带自西向东可依次划分为鄂陵湖南段、黄河乡段、冬草阿龙湖段和昌麻河乡段；不同段之间或走向差别较大，或以大的拉张阶区分隔。其中，鄂陵湖南段、黄河乡段的西段、冬草阿龙湖段的中段和昌麻河乡段地震地表破裂带明显且可连续追踪，尤以鄂陵湖南段地表破裂规模最大；其他段地表破裂断续展布。根据冲沟、道路和拉张阶区裂隙宽度等可以确定地表同震位移量为1~2m。

2. 地震地质灾害（滑坡）

地表破裂带东段有3个地震诱发滑坡，是典型的强震诱发均质滑坡类型，滑动面不明显，如图1-2所示。由于位于青藏高原腹地，地震事件发生前后几

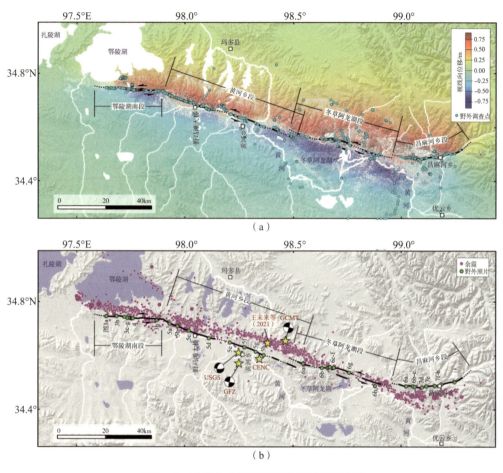

图 1－1   玛多 7.4 级地震地表破裂带分布图

（a）玛多 7.4 级地震 InSAR 同震形变场（升轨；据华俊等，2021）、野外调查点和同震地表破裂带；

（b）2021 年玛多 7.4 级地震序列精定位结果（据王未来等，2021）、野外照片位置和同震地表破裂带

乎没有人类活动的干扰。这类滑坡的发生、发展和变化与中国和世界上人口密集地区的滑坡有很大不同，特别是高海拔地区的季节性冻结和融化以及黄河上游的风成沙沉积物提供了特殊的地质背景。玛多 7.4 级地震同震滑坡的研究及其后对这些滑坡时变过程的深入研究，将为其他类似滑坡的破坏机制提供参考。这些滑坡及相关的斜坡拉裂警告我们，应该高度重视震中地区及周边地区的地质灾害，因为经过检测和防护的滑坡和裂缝在降雨、冻融、强余震等因素作用下可能保持稳定。因此，除了调查可见的山泥倾泻（已发生的山泥倾泻）外，我们亦应留意大量地裂的分布情况及评估斜坡的风险。

（a）

（b）

（c）

（d）

（e）

图 1 - 2 玛多 7.4 级地震东段同震触发滑坡

图为玛多 7.4 级地震沿风沙沙丘覆盖的黄河谷触发的 3 个同震滑坡的位置、分布及每个滑坡的源区裂缝的细节。

（二）强地面运动与工程震害调查

强地面运动与工程震害调查由中国地震局工程力学研究所（简称"工力所"）、青海局、同济大学等单位实施，现场工作在5月26—31日开展，主要调查了玛查理镇框架结构房屋、野马滩大桥、黑河中桥、野马滩2号大桥、大野马岭大桥、吾儿美岗大桥、黄河乡建筑及雅娘黄河大桥（新旧两桥）、昌马河镇民居建筑、通信设施以及昌马河大桥破拆后的震害情况。目前形成以下阶段性科考成果：

1. 强震动观测和地震动模拟

地震后共收到青海局16组强震动记录事件。其中大武台震中距最小，为175.6km，东西、南北、垂直向加速度峰值分别为46.0cm/s^2、40.6cm/s^2、-19.1cm/s^2、速度峰值分别为3.3cm/s、7.5cm/s、2.7cm/s，仪器计算的地震烈度为Ⅵ（6）度。

采用2类震源滑移分布模型——包括3个地震波的反演结果与10组随机震源运动学模型，对地震区域内虚拟网格点三维地震动模拟，得到近场地区强地面运动的三分量模拟记录。模拟结果显示：基于中国地震烈度表得到模拟震区烈度分布（图1-3），不同震源滑移分布模型模拟结果与烈度图的一致性较高，仅在极震区附近出现部分差异；模拟结果在近断层附近的带状子区域内的烈度分布差异主要由滑移分布引起。模拟烈度和调查烈度的一致性证明，随机方法不仅能够模拟地震动影响场，在震后及时给出地震动强度指标的分布。基于模拟结果，还可以给出设定地震的烈度快速估计分布，实现对情景地震下地震动空间分布的估计，对震区强震动分布及抗震减灾工作提供理论参考。

2. 公路桥梁震害调查

野马滩大桥距离发震断层非常近，综合此次地震中野马滩大桥震害表现和地震动记录参数特性分析，考察组初步判断此次野马滩大桥、野马滩2号桥整齐划一的落梁震害（图1-4）机理应是近断层地震法向方向性效应的强脉冲作用所致，并且极有可能是在同一强速度脉冲、几乎相同的时刻发生多跨落梁。否则，如果存在较大的时间差，并且位移是由地震累积作用产生的，则未必所有的落梁跨均为这种南侧落梁、北侧支承的整齐划一的模式。

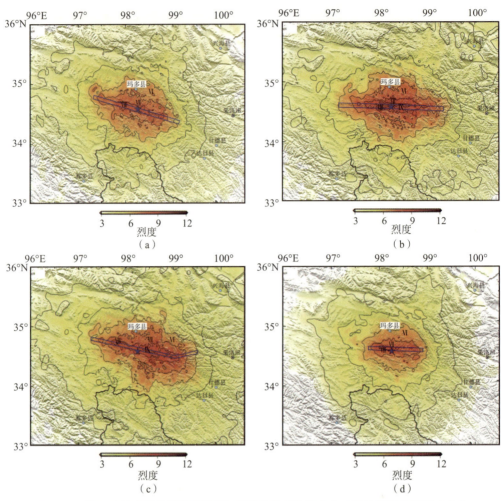

图 1-3　基于不同地震破裂模型模拟记录给出的青海玛多 7.4 级地震的地震烈度分布

（a）USGS 模型；（b）北京大学张勇教授模型；（c）地质所模型；（d）破裂随机模型

图 1-4　野马滩大桥落梁震害

黑河中桥是位于野马滩大桥和野马滩2号桥两座出现落梁严重破坏的桥梁中间的桥梁，仅发生轻微损伤。吾儿美岗大桥南北方向的地震响应高于东西方向。雅娘黄河桥地处微观震中区，仅见桥墩墩底显著的混凝土压溃破坏和旧桥盖梁明显的压裂破坏，该桥未发生水平方向地震作用所导致的显著震害特征，初步推断桥墩墩底的压溃破坏是震中竖向地震动所致。

3. 房屋建筑震害调查

紧邻微观震中的黄河乡建筑震害程度相对较轻，主要表现为砖木结构房屋部分房屋落瓦，部分围墙倒塌，砖混结构的少数承重砖墙及框架结构部分隔墙开裂，土木结构房屋部分严重破坏。

而距微观震中以东85km的昌马河工区建筑震害相对较重，主要表现为无抗震措施的砖木结构房屋全部严重破坏或倒塌，具备合理抗震措施的砖混结构基本完好或轻微破坏，在建轻钢厂房均钢柱倾斜、维护墙明显开裂，围墙多数倒塌。

玛多县城距离震中约35km，在地表破裂的北侧，同时地势相对较高，无砂土液化，因此其震害的程度和表现形式大体符合常规规律：具有抗震措施的RC框架主体结构基本完好或轻微损伤，填充墙、装修等非结构构件明显震损。

4. 地震砂土液化调查

玛多7.4级地震触发了海拔4000m以上区域近千平方千米的大规模液化现象，在液化研究史上罕见，其在液化研究与地质环境相关性方面具有重要科学意义。

震区内典型工程破坏基本上都伴随液化现象，特别是发生桥梁震害的场地均有显著液化现象，提示了在工程震害分析中应注重液化的影响，也为液化致灾机理研究与工程防治方法研究提供了实践基础。

（三）地震序列研究

地震序列研究组由预测所、青海局、中国地震局地球物理研究所（简称"地球所"）等单位参加。自5月22日起参加了80余次震情会商会（含60余次序列震后应急会商）。相关阶段性成果如下：

1. 序列参数跟踪

据青海地震台网测定，2021年5月22日02时至2021年6月21日12时，玛多7.4级地震序列共记录到定位1.0级以上余震2013次，最大余震是5月22

日的 5.1 级地震。整个序列参数计算结果是：b 值为 0.71；h 值为 2.1；p 值为 1.14。利用序列参数及以往周边地震最大余震统计结果，分析认为玛多 7.4 级地震序列为主余型地震，最大余震为 5.5 级左右。

根据 b 空间扫描计算结果，震区东段和中西段 b 值偏低，是未来可能发生强余震的地区（图 1-5）。5 月 21日之前 3.5 级以上余震的视应力都低于正常值，显示在跟踪阶段震区再次发生较大地震的可能性不大。

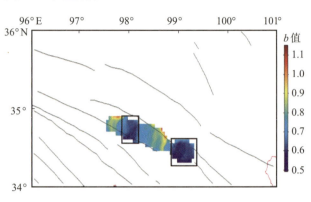

图 1-5　玛多 7.4 级地震序列 b 值空间分布

2. 震源机制

国内外多个研究机构和小组给出的 10 个震源机制结果相近，显示该地震为左旋走滑为主的近乎直立的破裂，但倾向有差异（图 1-6(a)）。余震震源机制结果显示余震区破裂性质比较复杂，存在局部张性和压性破裂（图 1-6(b)(c)）。

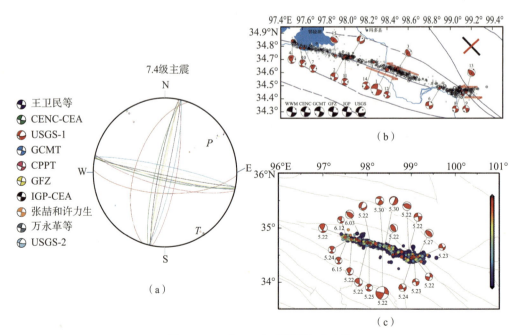

图 1-6　玛多 7.4 级地震震源机制解

（a）多家机构的主震震源机制（万永革汇总）；（b）王勤彩解算的序列主震及多个余震震源机制；
（c）李启雷解算的序列主震及多个余震震源机制

3. 破裂过程

如图1-7所示，为收集的张勇等、洪顺英等、地球所、王卫民等、王洵等反演的地震破裂结果。所有结果都显示玛多7.4级地震为双侧破裂，主震震中东部破裂量更大。根据反演结果，破裂长度为138～200km、深度为20～30km、最大破裂位错为1.5～6m，存在差异的原因主要是所用资料类别和反演模型差异。

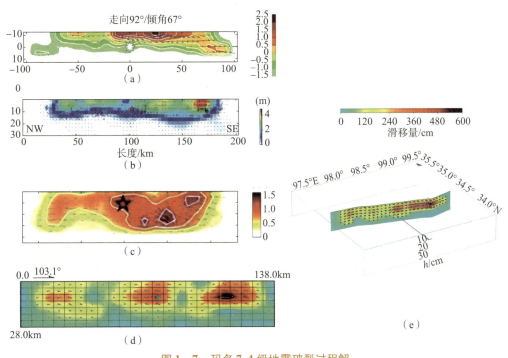

图1-7 玛多7.4级地震破裂过程解

(a) 张勇等；(b) 洪顺英等；(c) 地球所；(d) 王卫民等；(e) 王洵等

4. 小震精定位

利用精定位技术对玛多7.4级地震序列重新进行了定位。从图1-8所示结果看，共性是破裂区约170km，断层面近乎直立，破裂区有分段特征。但3个小组的结果存在一定差异性，主要表现为：

(1) 房立华小组给出的破裂区东、西两端均出现分叉现象，而黄浩小组和王勤彩小组的破裂区仅在东端出现。

(2) 房立华小组给出的余震深度最大值为30km，优势分布深度为7～15km；王勤彩小组给出的余震深度最大值为18km，优势分布深度为6～13km。

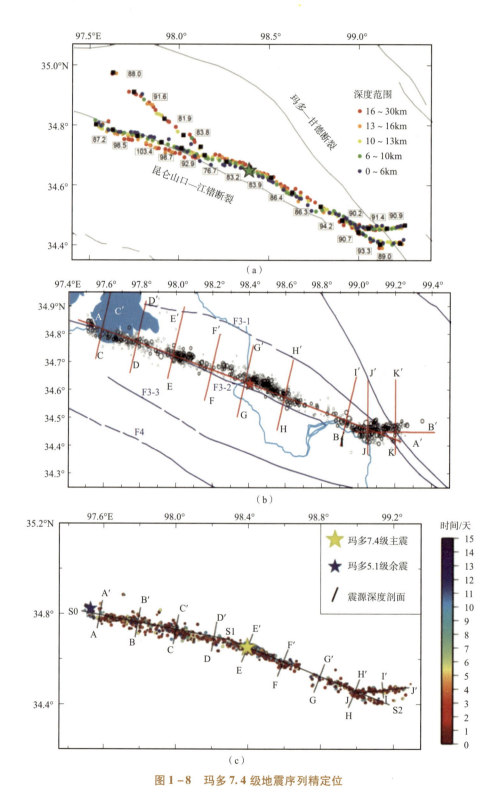

图 1-8　玛多 7.4 级地震序列精定位

（a）房立华小组；（b）王勤彩小组；（c）黄浩小组

（四）地震深部构造环境研究

地震深部构造环境研究组由地球所、湖北省地震局（简称"湖北局"）等单位派出的共 24 人组成。现场工作组（共 9 人）于 5 月 31 日到达玛多 7.4 级地震现场。6 月 1 日—5 日，地震科考组在玛多 7.4 级地震震源区开展了野外踏勘和仪器布设工作，并于 6 月 5 日完成了 150 套地震仪的布设任务。在观测 1 个月时间后，于 7 月 3 日—6 日完成所有台站的回收。7 月 10 日—15 日将仪器运送到北京白家疃国家地球观象台并完成数据提取和格式转换。如图 1 - 9（a）所示，短周期密集台阵点位主要分布在两条垂直主断裂的近南北向剖面上，跨断层台站点间距为 0.5 ~ 1km，剖面两端点间距为 1 ~ 2km；平行主断裂近南北向的剖面上也有一些点位稀疏分布，这些台站的点间距为 3 ~ 5km。

基于两条测线的背景噪声互相关函数，通过提取沿测线台站间的群速度频散曲线，反演了测线下方的 S 波速度结构。图 1 - 9（b）所示为测线 MA 的 S 波速度剖面，图 1 - 9（c）所示为测线 MB 的 S 波速度剖面。

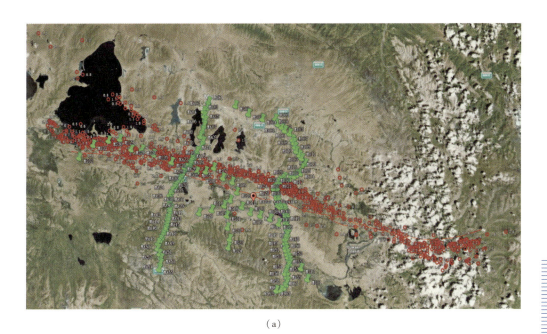

（a）

图 1 - 9　短周期密集台阵布设点位及跨主断裂两条速度剖面

（a）短周期密集台阵布设点位图

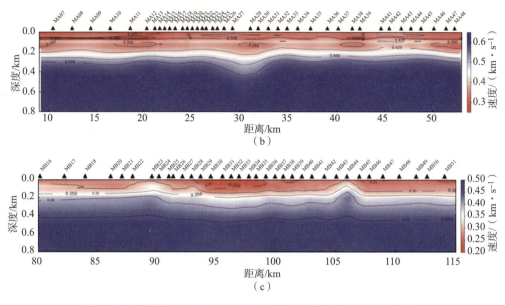

图1-9 短周期密集台阵布设点位及跨主断裂两条速度剖面（续）

（b）测线 MA（西线）的 S 波速度剖面；（c）测线 MB（东线）的 S 波速度剖面

　　基于深度学习拾取到时、震相关联地震以及多种地震定位算法构建了玛多7.4级地震之后的第14~43天的绝对定位地震目录和高分辨率地震目录，结果显示地震序列整体上沿着地表破裂带的偏北一侧呈现条带状展布，走向为北西西，发震深度主要在15km以内。地震序列显示出分段性：西段走向近东西向，与整体走向呈现一定拐角，地震活动性较强；中段地震活动性较弱，野马滩大桥西边地震分布较宽且连续，野马滩大桥东边的地震不连续，存在小的地震空区或稀疏区；东段有一个向北凸起的弧度，地震活动性最强；地震序列总体向北倾斜，但不同分段在不同深度上的倾斜形态存在差异：西段断层倾向为近垂直，发震优势层为 8~12km；中段和东段的地震序列总体向北倾斜，但在 10km 左右深度转变为向南倾，显示了发震破裂面并非单一的平面结构，具有复杂的空间结构和形态。

　　获得的 15 次中小型余震的震源机制解（图 1-10）显示余震序列大多为走滑型，与主震震源机制解较一致，在地表破裂带发生转向及不连续处局部出现逆冲型。余震震源机制所揭示的断层的走向大致与地表破裂带平行呈北西西向，断层的倾角整体较大，且在断层不同位置具有分段性差异，反映出震源区构造形态的复杂性。余震震源机制解所揭示的 P 轴优势方位为北东东 – 南西西向，倾伏角为 12°，表明相应时间段内的余震序列活动仍然主要受到与区域构造应力场方向基本一致的北东东向近水平应力场的控制。玛多 7.4 级地震的发生与该地区分层且非均匀的上地壳结构、中下地壳软弱物质的挤压和上涌密切相关。与主震相比，中小型余震的孕震机制更为复杂，在区域构造应力场的控制下，同时受到震后应力的调整、局部速度结构复杂性及多断层相互作用的综合影响。

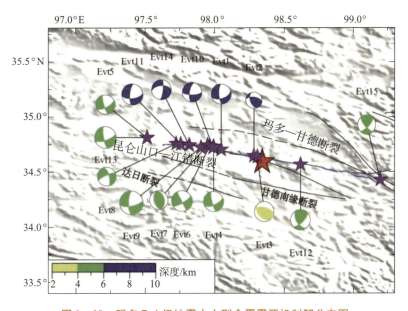

图 1 – 10 玛多 7.4 级地震中小型余震震源机制解分布图

近震 P 波双差走时成像获取了玛多 7.4 级地震源区及邻区高精度三维上地壳 P 波速度结构（图 1 – 11 和图 1 – 12），初步获得以下认识：①该地震发震断层江错断裂周边存在明显的速度非均匀性和分段性。鄂陵湖南段地表破裂带与发震主断裂存在一定夹角，地震主要集中在破裂带附近，速度图像显示该破裂带北部存在规模较大的高速异常，南边表现为低速特征，说明该区域的可能受到北边高速体的阻挡作用，进而导致应力在南边释放。②野马滩大桥到黄河乡段断裂北部速度表现为高速异常，高速体呈现向北倾斜特征；该段的地震发生频次明显降低，发震深度主要在 6.0km 以内，深部速度结构显示该区域在深度 6km 以下存在低速异常，可能该区域受到深部低速体的阻隔，应力在浅部减弱，地震活动性相对较弱；③该地震往东约 20km 处存在规模大高、低速分界带，20km 以外表现为规模大的高速异常，20km 以里出现近垂直延伸的局部低速异常；该段地震频次最高，说明该区域可能受到东部高速异常体和局部低速构造体的影响下，形成大规模的应力积累，在玛多7.4级地震之后，应力释放，地震活动性强。

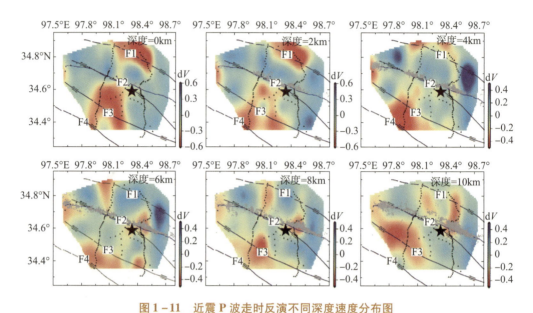

图 1–11　近震 P 波走时反演不同深度速度分布图

图中，灰色的点为对应深度上下 1km 的地震在该深度的投影；黑色三角形为地震台站位置。

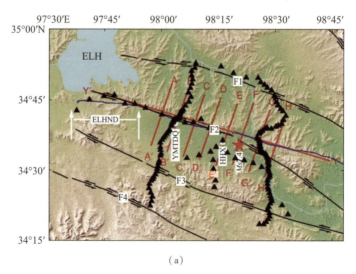

（a）

图 1–12　近垂直于发震断裂的速度剖面图

（a）各剖面的位置示意图

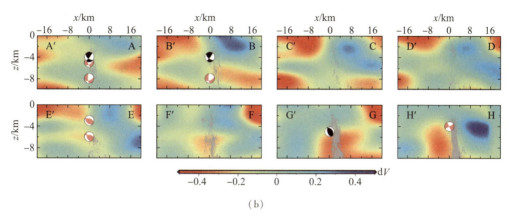

（b）

图 1 - 12　近垂直于发震断裂的速度剖面图（续）

（b）各剖面的速度图解

　　通过近震波形数据测量得到的横波分裂参数分析了震源区上地壳的各向异性变化特征（图 1 - 13、图 1 - 14 和图 1 - 15），获得了如下认识：从地表破裂带走向、余震序列展布、中小型地震震源机制和上地壳三维精细结构结果来看，主破裂与余震序列展布具有一致性，且沿主破裂余震密集区具有明显的分段性，本书得到的快波偏振方向也表现出与主破裂和余震序列展布较好的一致性，且自西向东也呈现出分段性特征；沿主破裂余震密集区的慢波延迟时间明显大于两侧，特别是包括主震和高密度余震分布的主破裂东段的慢波延迟时间最大，主破裂附近区域北侧的慢波延迟时间大于南侧，主破裂余震密集区外两侧台站的慢波延迟时间随着台站与主破裂距离的增大而逐渐减少，到一定距离后，变得基本稳定；余震密集区外，台阵东线（MB）以中部跨主破裂余震密集区（ER）为中心，北侧和南侧的快波偏振方向表现出趋向于主破裂收敛的特征，其他距主震和主破裂较远区域的快波偏振方向基本为北西西向，与其所在区块内的断裂走向一致。震源区上地壳各向异性空间展布反映了玛多 7.4 级地震孕育过程中，应力积累主要集中在沿主破裂余震密集区，且主破裂东段的应力积累要强于中段和西段，主破裂附近的应力积累北侧强于南侧，随着距主破裂距离的增加，应力积累效应减弱，到一定距离后变得很弱。震源区横波分裂参数未能呈现出随时间的变化特征，主要由于密集台阵在主震后第 12 天才开始布设并投入观测，这时主震和大部分强余震已经发生，并且中小地震的最高峰也过去，观测期内余震频次趋于稳定，孕震过程中积累的应力尚未释放完全，应力释放和调整过程还将持续一段时间。尽管台站 MAD 的记录跨越了主震前后，但它的

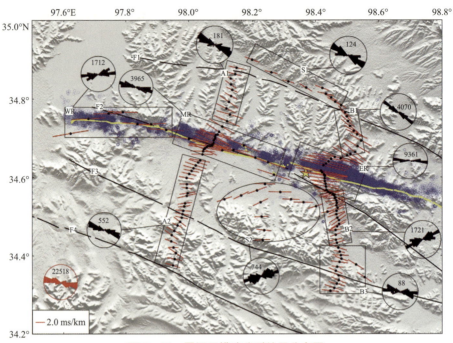

图 1 - 13　震源区横波分裂结果分布图

　　图中，红色线段为横波分裂参数：线段的方向为快波偏振方向，线段的长度正比于平均慢波延迟时间。黑色玫瑰图为不同区域快波偏振方向的等面积投影玫瑰图；红色玫瑰图为震源区所有台站快波偏振方向的等面积投影玫瑰图；玫瑰图中的数字为各个区块内有效分裂结果的个数。

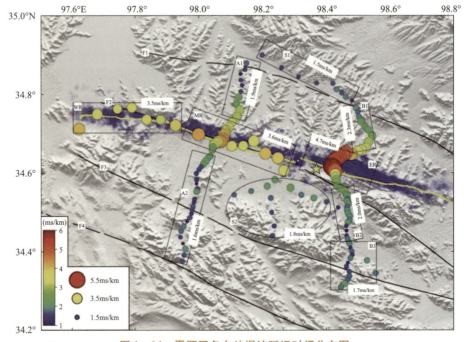

图 1 - 14　震源区各台站慢波延迟时间分布图

　　图中，慢波延迟时间的大小用圆的大小和颜色表示。白色文本框中的数据为各区块的慢波延迟时间的平均结果。

横波分裂参数也未表现出随时间的规律性变化特征，且其慢波延迟时间很小，反映了其距离主破裂余震密集区较远，玛多 7.4 级地震孕震过程中应力积累和调整对其影响很弱。

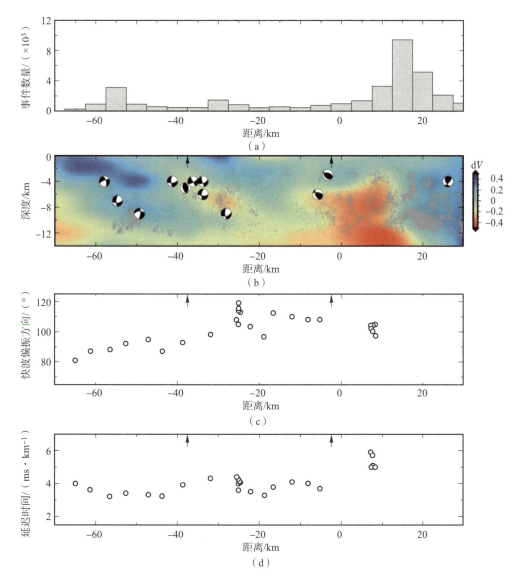

图 1-15　沿主破裂余震、震源机制结果、速度剖面和横波分裂参数分布

图中，（a）为沿主破裂余震事件统计个数分布；（b）为沿主破裂的速度剖面、余震分布和震源机制结果分布；（c）为沿主破裂各台站快波偏振方向分布；（d）为沿主破裂各台站慢波延迟时间分布图，横坐标为剖面上各点与主震震中之间的距离。两个黑色箭头将沿主破裂余震密集区分为 3 个区块。

基于玛多科考密集台阵的观测数据，开展了噪声成像、地震精定位、高精度三维地震成像、震源机制和横波分裂等研究工作。结果显示，玛多7.4级地震的余震序列主要沿地表破裂展布，且主破裂周边存在明显的速度非均匀性，沿主破裂余震密集区各向异性慢波延迟时间明显大于南北两侧；沿主破裂余震序列展布、上地壳各向异性快波偏振方向和地表破裂方向具有很好的一致性，且呈现出分段性特征，但它们与发震断裂——江错断裂的走向只有中段一致，在西段和东段不同。在3个分段的两个拐点附近，震源机制解结果表现出挤压型特征，且三维地震成像显示为高低速转换区。余震序列主要分布在沿主破裂北侧，慢波时间延迟也显示主破裂北侧大于南侧，速度结构显示主破裂北侧表现为高速异常，且高速异常体表现向北倾斜，南部为低速，余震序列揭示的断层几何形态同样表现出向北倾的特征；余震序列分布最密集的区域为包括主震在内的东段，该段也是震源区高速异常体规模最大和慢波延迟时间最大的区域。这些特征反映了玛多7.4级地震孕震过程中积累的应力主要集中在沿主破裂北侧的余震密集区，且受东部高速异常体阻挡，包括主震在内的东段是应力积累和地震活动最强的区域。

（五）地球物理和地球化学异常变化研究

地球物理和地球化学异常变化研究组由青海局、预测所等单位的专家组成，开展了流动地球化学采样和流动地磁观测。5月23日—6月1日共考察震区喷砂冒水点32个，采集21份流体样本和4份砂土样本；6月2日—7月2日，完成20条断裂带CO_2通量剖面测量；7月2日—8月1日，围绕玛多7.4级地震破裂带在巴颜喀拉块体东部开展温泉流体地球化学流动测量46个温泉点。6月8日—6月25日，共完成20个流动地磁矢量测点。对震前青海地区10项定点地球物理异常与3个区域电磁异常进行了梳理，分析其与玛多7.4级地震的关系。目前，取得以下结果。

1. 玛多7.4级地震破裂带及其周围流体地球化学测量

玛多7.4级地震破裂带和东昆仑断裂带21个泉水的TDS的范围为113.2~1264.6mg/L，水化学类型为$Ca \cdot Mg - HCO_3$、$Ca \cdot Mg \cdot Na - HCO_3$、$Ca - HCO_3$、$Na \cdot Ca \cdot Mg - HCO_3 \cdot Cl$、$Ca \cdot Na \cdot Mg - HCO_3 \cdot SO_4$、$Ca \cdot Na \cdot Mg - HCO_3 \cdot SO_4$、$Ca \cdot Na - HCO_3$，水岩反应程度弱。地表破裂带内靠近震中的泉水存在异常氢同

位素值（$\delta D = -59‰$），且 Na^+、Cl^-、SO_4^{2-} 等离子出现高值或低值，可能与本次地震相关。东昆仑断裂带附近泉水中的 Li 含量（最大值为 2014μg/L）远远大于地表破裂带周围泉水（6.56 ~ 43.0μg/L）；而地表破裂带周围泉水中的 Pb、Ba、Cu、Zn 等金属微量元素更富集。泉水的来源为大气降水，地表破裂带附近泉水有周围水体的混入，东昆仑断裂带内温泉水循环深度大，东昆仑断裂切割更深，有更多的深部元素补给；靠近玛多震中的泉水中化学组分出现了高值，这对东昆仑断裂内温泉水文地球化学监测与深入研究、对东昆仑断裂地震危险性判断具有重要意义。

玛多 7.4 级地震地表破裂带 CO_2 脱气强度要显著低于东昆仑断裂玛沁—玛曲段。玛多 7.4 级地震地表破裂带 CO_2 通量基本小于 100g·$m^{-2}d^{-1}$，东昆仑断裂玛沁—玛曲段 CO_2 通量多大于 100g·$m^{-2}d^{-1}$。其原因可能是，东昆仑断裂是一条大型边界断裂，其切割较深、规模较大，CO_2 脱气强度要高于块体内次级断裂。玛多 7.4 级地震地表破裂 CO_2 脱气强度与地表变形强度相关，地表变形强烈的位置，CO_2 通量较高。鄂陵湖南侧、昌麻河乡地表变形强烈，获得的 CO_2 通量是玛多 7.4 级地震地表破裂带上的高值，鄂陵湖南侧剖面 CO_2 通量最大值为 97.68g·$m^{-2}d^{-1}$，昌麻河乡西侧剖面 CO_2 通量最大值为 103.18g·$m^{-2}d^{-1}$。

以玛多县为中心，在巴颜喀拉板块东部龙日坝断裂、南边界甘孜—玉树断裂、通天河断裂、北边界东昆仑断裂范围内考察 46 个泉，采集泉水样 46 组、泉逸出气样 8 组，这为巴颜喀拉块体温泉流体地球化学短临监测奠定了坚实的基础，为这个地区深部流体运移给出了初步的结果。

2. 定点地球物理资料同震响应分析

青海地区定点地球物理台站有 23 个测项对玛多 7.4 级地震有同震响应，主要以形变类测项为主。响应形态主要呈尖峰状或阶梯状。其中 18 个测项在震后迅速恢复，还有 5 个测点的 7 个测项在震后未能恢复至震前水平或趋势。需要关注上述未恢复台站后续资料的变化情况。

玉树水温测项自观测以来，在多次中强地震前均有震例对应，自 2007 年开始观测以来异常一共出现 7 次，异常对应率 100%，对应 5 级以上地震（图 1 - 16），一般在异常开始后 3 个月内发震，地震分散在青藏高原内部。

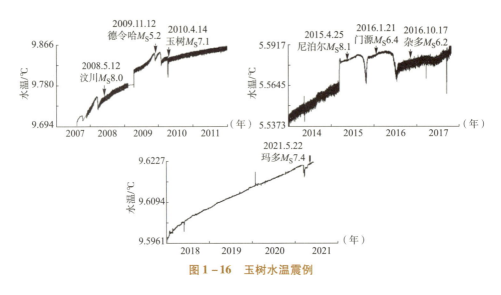

图 1-16　玉树水温震例

（六）地壳应力应变场分析研究

地壳应力应变场分析研究组由预测所、湖北局、中国地震局一测中心（简称"一测中心"）组成。其中，一测中心 14 人、16 套 GNSS 设备；湖北局 9 人、33 套 GNSS 设备；预测所 7 人、4 套 GNSS 设备。截至 6 月 25 日，完成 14 个连续站、107 个流动站观测。对覆盖震中区的欧洲航空局 Sentinel 卫星和日本宇宙航空开发机构的 ALOS-2 卫星的 InSAR 数据进行了处理分析。

收集并初步处理了陆态网络流动站数据、国家测绘局数据、兵器工业研究院、青海省测绘科学技术研究院连续站数据及本次科考取得的 GNSS 观测数据，同时也收集了基于 InSAR 数据给出的震前区域形变场结果，通过分析取得了以下认识。

1. 震前 GNSS 速度场

玛多 7.4 级地震前，震区 GNSS 相对于欧亚参考框架存在北东东向的整体运动，量值在 15~25mm/yr，西南区到东北区速度场量值逐渐减小（图 1-17）。以震中附近青海玛多（QHMD）作为基准，揭示出震区西南部与东北部之间存在明显的相向运动，表明区域整体应力以左旋挤压为主。

震前分期 GNSS 速度结果，显示出玛多 7.4 级地震震中位于最大剪应变率高值区边缘，处于最大剪应变率动态调整过程中的弱响应区。

2. GNSS 同震位移场

GNSS 同震结果显示玛多 7.4 级地震的最大破裂达 1m 以上，断层南侧的

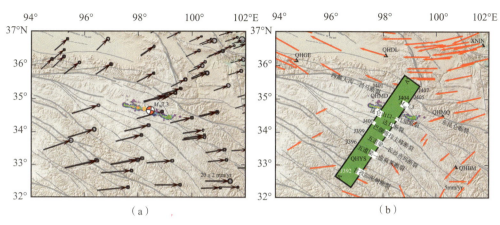

图 1-17 震前 GNSS 速度场（据苏小宁等，2022）

（a）相对于欧亚参考框架的震区 GNSS；（b）相对于青海玛多站的震区 GNSS

变形稍大于北侧。震中 200km 范围内可观测到同震形变，同震位移呈四象限分布（图 1-18）。应变释放主要集中在巴颜喀拉地块内部，震中邻近的东昆仑断裂带对此次地震的响应不明显，在垂直断裂带方向上表现出少量的挤压同震响应。

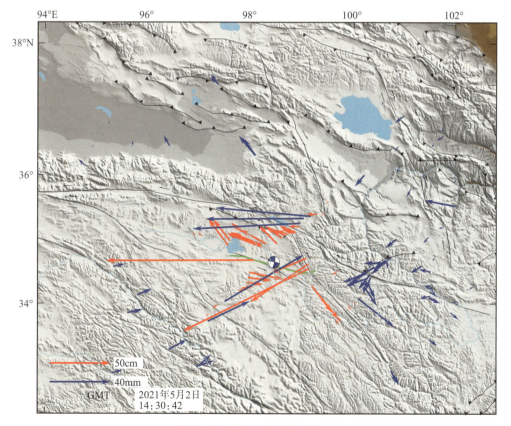

图 1-18 GNSS 同震位移场

3. 基于 GNSS 的同震滑动模型

基于 GNSS 的同震滑动模型显示断裂带可能存在 4 处明显的凹凸体，最大滑动量接近 4m，发生在断层东端的昌马河乡附近（图 1 - 19）。

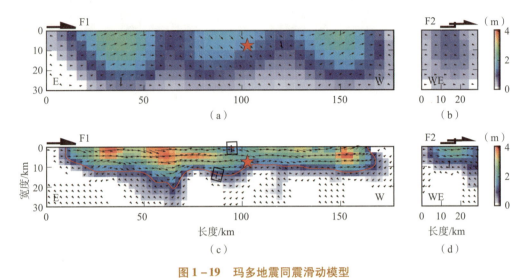

图 1 - 19　玛多地震同震滑动模型

（a）、（b）基于 GNSS 的同震滑动模型；（c）、（d）GNSS + InSAR 联合反演的滑动模型

GNSS 与 InSAR 的联合反演获得的同震滑动模型同样勾勒出 4 个主要破裂区域，最大滑动量为 4.7m，位于昌马河段。加入 InSAR 数据的联合反演模型显示出更多的细部特征。

4. 同震及震后库仑应力结果

设定接收断层的倾角为 80°，东昆仑地区断裂带以左旋走滑为主，滑动角设为 0°~45°，走向在 90°~100°，假定有效摩擦系数为 $\mu = 0.6$。分别计算玛多地震同震和震后岩石圈松弛在接收断层产生 10km 深度的库仑应力变化。震后库仑应力计算采用 3 个分层的岩石圈分层模型。

同震及震后库仑应力结果（图 1 - 20）显示，玛多地震引起东昆仑断玛沁—玛曲段应力加载，表明该断裂段存在地震危险性增强的特征，同时龙日坝断裂的北段同震和震后库仑应力变化也超过应力触发的阈值，其地震危险性也值得关注。

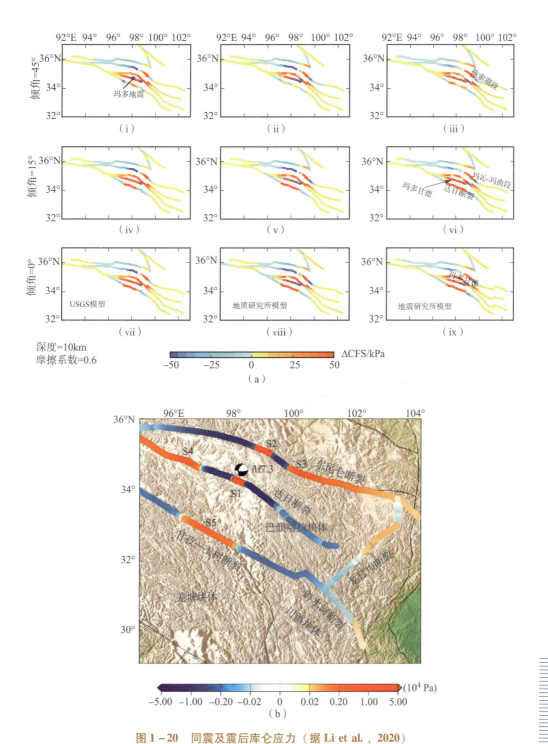

图1-20　同震及震后库仑应力（据Li et al.，2020）

（a）玛多地震产生的同震库仑应力变化；（b）黏弹性松弛引起的震后20年库仑应力变化

三、地震科考工作现场照片

1. 科考启动会召开

2021 年 5 月 22 日 16 时，青海玛多 7.4 级地震科考启动会在中国地震局东 418 会议室视频召开（图 1 - 21）。

图 1 - 21　启动会现场照片

2. 第一批科考队员抵达现场

2021 年 5 月 23 日野外地质调查工作组工作人员、预测所的李文巧、徐岳仁、张彦博等第一批科考队员抵现场开展地震地质调查（图 1 - 22）。

图 1 - 22　野外地质调查

3. 地震科考队成立临时党支部

地震科考队在抵达工作区后第一时间成立了临时党支部，以便更好地开展组织工作（图1-23）。

图1-23　临时党支部

4. 野外地质调查发现地表破裂带

野外地质调查组的工作人员、地质所的专家沿着地裂缝追踪调查，开展无人机航测工作（图1-24）。

图1-24　地表破裂带

5. 地震科考：在困境中坚守

科考队在玛多4200m的海拔、雨夹雪、1～9℃气温的环境下克服种种困难开展工作（图1－25），坚持"艰苦不怕吃苦、缺氧不缺精神"的职业意识和敬业精神，为防震减灾事业鞠躬尽瘁。

图1－25　野外工作（一）

6. 流体地球化学调查发现喷砂冒水

流体地球化学调查组的工作人员、预测所的周晓成研究员和青海局刘磊工程师发现喷砂冒水（图1－26）。

图1－26　喷砂冒水

7. 地壳应力应变科考全线展开

预测所、一测中心和湖北局联合开展震后形变观测及周边区域应力应变研究（图 1 - 27）。

图 1 - 27　震后形变观测

8. 历时 6 小时，野外地质调查失陷车辆脱困

野外地质调查组的工作人员在返程过程中车辆失陷，历时 6 小时后，终于脱困，返回驻地（图 1 - 28）。

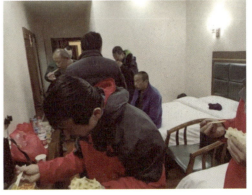

图 1 - 28　野外工作（二）

9. 王昆副局长主持玛多7.4级地震工作并听取相关工作汇报

（1）王昆副局长主持召开玛多7.4级地震科考现场工作座谈会（图1-29）。

图1-29 地震深部构造环境研究组向王昆副局长汇报工作

（2）王昆副局长听取工作汇报。

6月6日下午，中国地震局党组成员、副局长王昆同志在青海玛多7.4级地震现场指挥部听取了湖北局科考队的工作汇报（图1-30）。

图1-30 湖北局科考队工作汇报

（3）王昆副局长考察玛多县黄河乡灾情及灾后安置工作（图1-31）。

图 1 - 31　灾后安置考察

（4）王昆副局长主持召开玛多现场指挥部临时党支部党史学习和工作例会（图 1 - 32）。

图 1 - 32　临时党支部党史学习和工作例会

（5）王昆副局长参观地震台。

6月8日下午，王昆副局长在张晓东指挥长陪同下参观果洛藏族自治州地震台（图1-33）。

图1-33　参观果洛藏族自治州地震台

10. 地震科考工作部署

张晓东指挥长根据现场情况部署相关工作（图1-34）。

图1-34　张晓东指挥长部署工作

11. 地震科考预案动态完善研讨会召开

6 月 3 日上午，地震科考预案动态完善研讨会在预测所召开（图 1 – 35）。

图 1 – 35　地震科考预案动态完善研讨会

12. 张晓东指挥长和杨立明指挥长听取玛多县城断层调查结果（图 1 – 36）

图 1 – 36　听取玛多县城调查结果

13. 地震科考队员接受专业医生的体检和高原反应应对指导（图 1 –37）

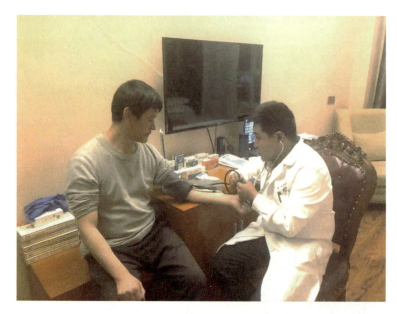

图 1 –37　医护保障

14. 地震深部环境构造研究组在无人区援救一户牧民（图 1 –38）

图 1 –38　野外工作（三）

第二章

青海玛多7.4级地震野外地质调查专题总结报告

一、工作概况 ▶▶▶▶▶

据中国地震台网中心（CENC）测定，2021年5月22日02时04分，青海果洛州玛多县发生7.4级地震，震源深度为17km。为加强震情趋势分析，研究地震孕育发生演化过程，按照中国地震局地震科考工作机制启动地震科考工作。

北京时间2021年5月22日02时04分，青海省果洛州玛多县发生强烈地震（图2-1），造成数人受伤，大量房屋倒塌、部分道路、桥梁等基础设施被破坏或受损。中国地震台网中心测定该地震的震级为7.4级，震中位于34.59°N、98.34°E，震源深度为17km[①]。美国地质调查局（USGS）给出的地震初始破裂点位于34.613°N、98.246°E，地震矩$M_0 = 1.306 \times 10^{20} N \cdot m$，震级为$M_W 7.3$，震源深度为（$10 \pm 1.7$）km；震源机制解的走向为92°、倾角为67°、滑动角为-40°，为一次具有显著拉张分量的左旋走滑错动事件[②]。GCMT给出的震中位于34.65°N、98.46°E，震级为$M_W 7.4$，震源深度为12km；震源机制解的走向为282°、倾向为83°、滑动角为-9°[③]，为一次近纯走滑的地震错动事件，与美国地质

调查局（USGS）的结果存在较大差异。利用欧洲航空局哨兵卫星的震前、震后SAR数据进行对比，华俊等（2021）限定此次地震以左旋走滑运动为主，断层走向北西西，断层面近直立；主体破裂深度在15km以浅并到达地表，形成长度>160km的地表破裂带，最大滑动量约6m，震级为$M_W 7.45$。该结果与GCMT给出的震源参数结果更为相符。2021年玛多7.4级地震发生在青藏高原中北部的巴颜喀拉次级地块的内部（图2-1）、东昆仑断裂带和巴颜喀拉—松潘弧形构造带的交会部位，是继2008年汶川8.0级地震之后在我国境内发生的震级最高、地表破裂最长的地震事件。

通过野外地震考察确定发震断层、地表破裂组合特征和运动学性质、同震位移及分布规律等，不仅有助于限定玛多7.4级地震的发生机制、

① https://news.ceic.ac.cn/CC2021052 2020411.html.

② https://earthquake.usgs.gov/earth-quakes/eventpage/us7000e54r/executive.

③ https://www.globalcmt.org/CMTsearch.html.

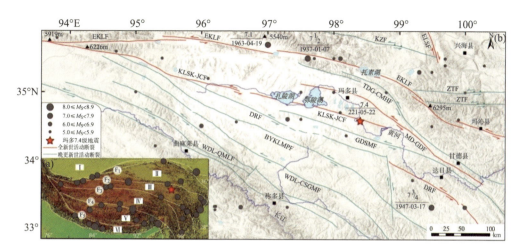

图 2 - 1　青海玛多 7.4 级地震的构造背景图

图中，红色五角星表示玛多 7.4 级地震震中，灰黑色圆圈表示青藏高原周缘 1900AD 以来发生的 5 级以上地震。图 (a) 据王未来等 (2021) 改编，白线为活动块体边界。Ⅰ 为塔里木—华北克拉通；Ⅱ 为柴达木地块；Ⅲ 为巴颜喀拉地块；Ⅳ 为羌塘地块；Ⅴ 为拉萨地块；Ⅵ 为喜马拉雅地块。F₁ 西昆仑—祁连山加里东期缝合带；F₂ 昆仑山华力西期缝合带；F₃ 金沙江印支期缝合带；F₄ 班公湖—怒江燕山期缝合带；F₅ 雅鲁藏布江喜马拉雅期缝合带。图 (b) 中红色线条表示全新世活动断层，绿色线条表示晚更新世活动断层，断层数据综合了邓起东等 (2007) 和徐锡伟等 (2016) 的研究成果。EKLF 为东昆仑断裂；KLSK - JCF 为昆仑山口—江错断裂；TDG - CMHF 为西藏大沟—昌马河断裂；MD - GDF 为玛多—甘德断裂；GDSMF 为甘德南缘断裂；DRF 为达日断裂；BYKLMPF 为巴颜喀拉山主峰断裂；WDL - CSGMF 为五道梁—长沙贡玛断裂；WDL - QMLF 为五道梁—曲麻莱断裂；ZTF 为中铁断裂；KZF 为昆中断裂；ELSF 为鄂拉山断裂。

破裂过程，同时对于深刻理解巴颜喀拉地块及整个青藏高原现今的构造变形状态、运动演化过程等也具有重要的科学意义。

（一）目标与任务

野外地质调查专题主要开展地震断层和地表破裂带调查，研究同震地表变形（破裂）与地震灾害分布，判定发震构造和变形机制，给出震区地震地表破坏与构造变形（破裂）分布图。

（二）工作团队

本专题由中国地震局地震预测研究所（简称"预测所"）、中国地震局地质研究所（简称"地质所"）、青海省地震局（简称"青海局"）3 个单位 24 人参与，地质调查专题分 1 个无人机测绘组和 4 个地表破裂带调查组。

玛多地震科考野外地质调查组人员名单如下。

预测所：李文巧、徐岳仁、张彦博、袁小祥、母若愚、张达、李浩

峰、熊仁伟。

地质所：苏鹏、郭鹏、孙浩越、哈广浩、陈桂华、袁兆德、李忠武。

青海局：李智敏、李鑫、杨理臣、马震、姚生海、盖海龙、殷翔、徐玮阳。

（三）科考实施过程

按照中国地震局地震科考工作机制启动地震科考工作后，野外地质调查组立即响应；震后 8 小时青海局地质组抵达震区，震后 24 小时预测所地质组抵达震区，震后 36 小时地质所调查组抵达震区。在震后至今 80 天时间内先后开展了三期、累计 60 天的野外地质调查、地表测绘和地下探测工作；获得测绘面积 700m^2；调查点 1300 余个；地下探测测线 97 条。

二、现场工作

野外现场地质调查与无人机测绘分三个阶段：

（1）震后烈度响应调查与地表破裂带确定阶段（5 月 22 日—6 月 15 日；25 天）：地质调查组在震后烈度评定阶段为发震构造判定和血麻村一带九度烈度异常区的划分提供了关键信息。

震后 1 小时，青海局 5 人即启程前往震区，并于当日十时抵达灾区；预测所和地质所也于地震当日启程，分别于 22 日 24 时和 23 日 15 时抵达震区。5 月 23—26 日在昌麻河一带，发现血麻村建筑物破坏严重，为地震烈度图东部高烈度异常区的圈定提供了关键信息，与此同时，开展相关区域地震地表破裂带及变形线性的调查；为最初的发震构造判定和地表破裂带长度确定提供了依据。5 月 27 日—6 月 3 日在黄河乡以东发现多个破裂较为连续的地表破裂段，确认部分区域的地表变形属于震动破坏而非地表破裂。

6 月 4—15 日沿着整个地表破裂带进行无人就测量及地表破裂带填图。航测面积 500m^2；调查点 1200 个（图 2-2）。

图 2-2　玛多地震科考野外地质调查点分布示意图

（数据获取截至时间：2021 年 6 月 8 日；预测所于 2021 年 6 月 8 日制作）

（2）地表破裂带地下结构浅部探测阶段（6 月 27 日—7 月 14 日；18 天）：预测所徐岳仁、张彦博、母若愚、李浩峰等奔赴玛多极震区，利用多技术手段研究玛多地震，获取第一手资料；利用探地雷达设备测试了跨破裂带（变形带）97 条雷达剖面，并对地表破裂、砂土液化等现象进行深入调查，采集野外资料。

（3）地表破裂带补充航测阶段（7 月 22 日—8 月 7 日；17 天）：预测所袁小祥、张达等奔赴玛多极震区，开展地表破裂带无人机补充测绘工作；从野马滩西到阿隆错，测绘面积达 180m²；分辨率为 5cm（图 2-3）。

图 2-3　玛多地震震区无人机补充测绘范围示意图

三、数据获取情况 ▶▶▶▶▶

获得无人机测绘面积约 700m², 约 3T 数据；调查点 1300 余个；地下 探测测线 97 条；照片近万张。

四、研究分析成果和新认识、新发现 ▶▶▶▶▶

(一) 发震构造与地表破裂带

1. 区域地质背景

新生代以来，印度板块与欧亚大陆的持续碰撞使青藏高原不断向周边扩展和增生（Molnar et al.，2009）。2021 年玛多 7.4 级地震所在的巴颜喀拉地块被东昆仑（北边界）、甘孜—玉树—鲜水河（南边界）、龙门山（东边界）3 条大型断裂带围限（图 2 - 1 (a)），是青藏高原的次一级构造单元，也是我国现今地震活动最为强烈的地区之一（Tapponnier et al.，1982；张培震等，2003；张希等，2004；Xu et al.，2016；闻学泽，2018）。

巴颜喀拉地块北边界——东昆仑断裂带总体走向为北西西，绵延近 2000km，为一条巨型左旋走滑断裂带。断裂西段的走滑速率约为 10mm/a，

在玛沁段为 12.5mm/a，向东至玛曲段减小为约 5mm/a，至塔藏段迅速衰减至 3mm/a 以下（van der Woerd et al.，2002；Kirby et al.，2007；Li et al.，2011；Ren et al.，2013）。根据现有记录，东昆仑断裂带中西段曾发生过 5 次 7.0~7.9 级地震和 1 次 M_S8.1 地震（国家地震局震害防御司，1995；青海省地震局等，1999；邓起东等，2002，2003；徐锡伟等，2002）。其中，2001 年昆仑山口西 M_S8.1 地震形成了长约 426km 的地表破裂带，是目前为止记录到的发生在该断裂上的震级最大的一次地震（陈杰等，2003；Xu et al.，2006）。

巴颜喀拉地块南边界——甘孜—玉树—鲜水河断裂带整体呈北西走向（图 2 - 1），包括西部的甘孜—玉树断裂带和东部的鲜水河断裂带，二者呈

左阶斜列展布，均为左旋走滑运动性质。针对甘孜—玉树断裂带滑动速率的研究主要集中在其中南段，滑动速率一般为 5~8mm/a（Chevalier et al.，2017），也有学者报道的水平速率相对较高，达 8~14mm/a（闻学泽等，2003；石峰等，2013）。鲜水河断裂带的滑动速率为 10~13mm/a（Zhang，2013；Chen et al.，2016）。在甘孜—玉树—鲜水河断裂带上曾发生 20 余次 7 级以上地震，其中 1997 年玛尼 M_S7.9 和 2010 年玉树 M_S7.1 地震为最近的 2 次地震事件。

巴颜喀拉地块东边界——龙门山断裂带整体呈北东走向（图 2-1），运动性质为逆冲兼右旋走滑，是巴颜喀拉块体与四川盆地的边界断层。断裂带由茂县—汶川断裂、映秀—北川断裂、江油—灌县断裂、岷江断裂、虎牙断裂等多条近平行的高角度断层组合而成，整体吸收的 GPS 缩短速率 ≤2.0mm/a（张培震，2008）。龙门山断裂带在过去 10 年内地震活动强烈，2008 年汶川 M_S8.0 地震、2013 年芦山 M_S7.0 地震和 2017 年九寨沟 M_S7.0 地震均发生在该断裂带内。

除上述边界断裂外，巴颜喀拉地块内部还发育有一系列大型活动断层

（图 2-1），包括北西向的西藏大沟—昌马河断裂、玛多—甘德断裂、昆仑山口—江错断裂、甘德南缘断裂、达日断裂、五道梁—长沙贡玛断裂和五道梁—曲麻莱断裂等。这些断裂带晚第四纪以来活动特征显著，但滑动速率明显低于北边界的东昆仑断裂带和南边界的甘孜—玉树—鲜水河断裂带（青海省地震局，1984；徐锡伟等，2008；熊仁伟等，2010；Ren et al.，2013；梁明剑等，2014，2020；李陈侠等，2016；刘雷等，2021）。其中，达日断裂在 1947 年曾发生达日 7.7 级地震，并形成长约 70km 的地表破裂带（梁明剑等，2020）。

2. 地震序列及 InSAR 反演结果

2021 年玛多地震的主震发生于北京时间 2021 年 5 月 22 日 02 时 04 分（国际时间 2021 年 5 月 21 日 18 时 04 分；UTC）。不同研究机构和学者给出的震中位置、震级大小、震源参数等存在一定差别（表 2-1 和图 2-4（b）），但均显示此次地震震中位于黄河乡附近，矩震级介于 7.2~7.4，震源深度为 8~17km，为一走向北西、倾角较陡、以左旋走滑运动为主的地震事件。

表 2-1　2021 年玛多 7.4 级地震震源参数

来源	北纬	东经	震级	走向Ⅰ	倾角Ⅰ	滑动角Ⅰ	走向Ⅱ	倾角Ⅱ	滑动角Ⅱ	深度/km
中国地震台网中心	34.59°	98.34°	$M_S7.4$							17
王未来等（2021）	34.650°	98.385°	$M_S7.3$							8
USGS	34.613°	98.246°	$M_W7.3$	92°	67°	−40°	200°	53°	−151°	10
GCMT	34.65°	98.46°	$M_W7.4$	282°	83°	−9°	13°	81°	−173°	12
GFZ	34.57°	98.26°	$M_W7.4$	102°	84°	−3°	192°	86°	−174°	15

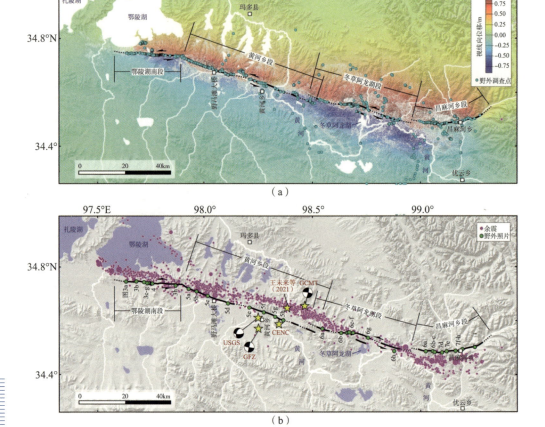

图 2-4　2021 年玛多 7.4 级地震的 InSAR 同震形变场、
野外调查点和同震地表破裂带及地震序列精定位结果

（a）2021 年玛多 7.4 级地震的 InSAR 同震形变场（升轨；据华俊等，2021）、野外调查点和同震地表破裂带；（b）2021 年玛多 7.4 级地震序列精定位结果（据王未来等，2021）、野外照片位置和同震地表破裂带主震发生后，又发生了多次强余震（图2-4（b））：截至2021年5月30日07时30分，共记录到$M > 3.0$余震60次，其中5.0～5.9级地震1次，4.0～4.9级地震13次，3.0～3.9级地震56次；最大余震为5月22日10时29分发生的5.2级余震。王未来等（2021）采用双差定位方法对震后8天1200余次余震事件进行了重新定位（图2-4（b）），结果显示余震条带西起鄂陵湖南（34.8°N，97.5°E），向东止于昌麻河乡附近（34.4°N，99.3°E），总长170km，宽5～10km，整体走向北西；主震位于余震条带的中部，主震东、西两侧的破裂长度各约85km，呈双侧破裂特征。在深部，余震序列集中在5～17km深度范围内，近垂直。另外，在余震条带两端均出现了余震分布分叉的现象，可能与此次地震触发的分支断裂活动有关。

除地震学参数外，InSAR观测也可对发震断层和同震变形提供独立约束。华俊等（2021）通过对欧洲航空局哨兵卫星SAR数据（图2-4（a））的分析获得了此次地震产生的地表形变条带：其西起鄂陵湖南（34.8°N，97.6°E），向东经野马滩大桥、黄河河谷，终止于昌麻河乡以东，整体走向北西，与余震条带的空间展布吻合。通过进一步反演，确定发震断层的运动近纯左旋走滑，断层面近直立；地震产生的同震位移集中在15km以浅并达到地表，形成长度>160km的地表破裂带；最大滑动量约为6m。

综上所述，震源参数、余震分布和InSAR反演结果均显示2021年玛多7.4级地震的发震断层为一条西起鄂陵湖南、东至昌麻河乡以东的北西走向的左旋走滑断层。

3. 地震地表破裂特征

为了更准确地限定发震断层的位置、地表破裂特征和地表同震位移，我们在对震源参数（表2-1）、余震精定位数据（王未来等，2021）和InSAR反演结果（华俊等，2021）综合分析的基础上，对震前、震后的高分辨率卫星影像进行了解译，并进行了详细的野外踏勘、追踪和测量，由此确定玛多7.4级地震的地表破裂带西起鄂陵湖南（97.60°E），向东经野马滩大桥（98.05°E）、黄河乡（98.26°E）及黄河河谷（98.33°E）、冬草阿龙湖（98.76°E），终止于昌麻河乡以东（99.28°E）。破裂带总长约160km，整体走向北西（图2-4）。

玛多7.4级地震地表破裂的几何结构非常复杂（图2-5～图2-9），主要由不连续或斜列的剪裂隙、张剪裂隙、张裂隙，以及不连续阶区内斜列的挤压鼓包、地震陷坑或凹槽等多种构造类型组合而成，整体构成一宽数米至数百米不等的左旋剪切变形带。地表破裂带具有明显的分段特征，根据走向的变化及其空间延续性，自西向东可分为4段，依次为鄂陵湖南段、黄河乡段、冬草阿龙湖段和昌麻河乡段。各破裂段由若干更次一级的破裂按一定方式组合而成。

1）鄂陵湖南段

该段主破裂带沿鄂陵湖南侧展布，整体近东西向，全长约27km（图2-4）。本段破裂主要由斜列的张裂隙、张剪裂隙、挤压鼓包和地震陷坑多种构造类型组合而成（图2-5），可见道路、小冲沟、车辙印等被左旋断错，连续性较好；该段中部的位置（图2-5（c）~（g）），破裂带规模宏大，可见高度>1m的不对称帐篷型挤压鼓包（图2-5（f））和宽达3m、深度>5m的地震陷坑（图2-5（g）），是鄂陵湖南段乃至整个地震地表破裂带变形最显著的地区。在观察点（图2-5（e））处（34.74079°N，97.74587°E）可见一小路沿地表破裂带发生了左旋位错，位错量为1.4~1.7m。在图2-6所示的观察点位置（34.73874°N，97.75696°E），破裂带宽约10m，由一系列的剪切裂隙和挤压鼓包组合而成（图2-6（a））。清晰可见车辙印迹被左旋断错

（图2-6（b）（c）），现场通过皮尺测量获得车辙印迹被左旋断错1.4m（图2-6（d）），该点向东810m，同样可见车辙印迹被左旋断错1.4m（图2-6（e））。向东、西两侧延伸，破裂带规模均呈逐渐减小的趋势（图2-5（a）（h））。在西端，破裂带表现为一系列不连续的张裂缝；在东端，鄂陵湖南段以一宽度>1km的离散变形带与黄河乡段相接。发震断层地貌迹线在震前的卫星影像上不清晰，表明该段断层较为年轻或活动性较弱。

2）黄河乡段

自鄂陵湖南段向东经野马滩大桥、黄河乡北、黄河河谷，全长60km，整体走向近北西（图2-4）。在野马滩大桥以西，地表破裂带明显且连续，主要以线性剪裂隙、斜列的张裂隙和小型挤压鼓包为主（图2-7（b）（c）），局部可见高达2m的逆冲型挤压鼓包（图2-7（a）），其形成可能与地震引起的重力滑坡作用有关（后缘拉张，前缘挤压）。在观察点（图2-7（c））处（34.69314°N，98.01775°E）可见小冲沟左旋位错，局部断层走向85°，位错量为0.7~0.9m。由野马滩大桥至黄河乡，破裂带主要沿黄河支流（黑河）的河谷展布，主要表现为斜列或不连续的张裂隙、张剪裂隙，并

图2-5　鄂陵湖南段的地表破裂带变形特征，位置见图2-4（b）

图中，（a）为靠近破裂带西端的张裂隙，走向40°；（b）为不对称帐篷型挤压鼓包和近平行的张剪裂隙；（c）为斜列张裂隙和挤压鼓包；（d）为断续分布的张裂隙；（e）为小路左旋位错，位错量为1.4~1.7m；（f）为湖岸草皮上不对称帐篷型挤压鼓包，高度>1m；（g）为宽达3m、深度>5m的地震陷坑；（h）为右阶斜列和不连续张裂缝，整体走向65°。

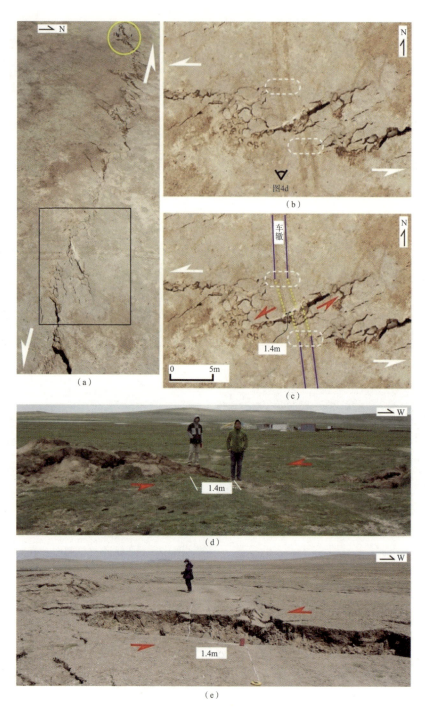

图2-6 鄂陵湖南段车辙印左旋位错，位置见图2-4（b）

图中，（a）为无人机影像显示的破裂带，其由一系列斜列展布的张裂隙和挤压鼓包组合而成；（b）和（c）为穿过地表主破裂带的车辙印位错。白色箭头指示主破裂带的方向与性质，红色箭头指示剪切裂缝的方向与性质。白色椭圆形虚线圈处车辙印未发生明显断错；（d）和（e）为野外实测车辙印左旋位错，错距均为1.4m。

图 2-7 黄河乡段地表破裂带的变形特征,位置见图 2-4(b)

图中,(a)为沿地表破裂带形成的逆断层陡坎(最高处可达 2m),其顶部发育斜列张裂隙,陡坎的形成可能与地震引起的重力滑坡作用有关(后缘拉张,前缘挤压);(b)为平缓的挤压鼓包及其上发育的右阶斜列张裂隙;(c)为冲沟左旋位错,断层走向 85°,位错量为 0.7~0.9m;(d)为黑河北岸张裂隙,走向近东西,张裂缝内发育喷砂冒水孔;(e)为黑河北岸的张裂隙(最宽处 >20cm),走向 90°,伴有砂土液化;(f)为张剪裂隙,走向 60°,局部形成高 22cm 的断层陡坎;(g)为黄河东岸边坡失稳形成的张裂隙,走向 35°,裂隙内可见大量串珠状喷砂冒水孔;(h)为张裂隙,最宽处为 90cm,走向 135°。

可见大量串珠状喷砂冒水孔和砂土液化现象（图2-7（d）~（f））。在黄河河谷附近（图2-7（g））破裂带经过的位置可见大量边坡失稳形成的与河道平行的张裂缝，张裂缝内喷砂冒水孔发育。在黄河河谷以东，破裂带断续分布，以张裂隙为主（图2-7（h））。黄河乡段破裂带整体沿山脉与山前冲洪积台地的地貌陡变带展布，沿线可见南北向山脊、沟谷的左旋累积位错（数十米至数百米不等），表明在玛多地震之前断层已经历了多次地震活动。

3）冬草阿龙湖段

冬草阿龙湖段以一宽约3km的左阶阶区与黄河乡段相隔，二者之间为一小型拉分盆地（图2-4）。破裂带由斜列张裂隙和张剪裂隙、线性剪裂隙、挤压鼓包组合而成，总长>43km，整体走向南东，呈断续分布。在平面上，破裂带表现为舒缓的"S"形弯曲，中部发育一左阶拉张弯曲，弯曲走向与断层整体的走向约呈25°夹角。破裂带在拉张弯曲附近规模较大，表现为斜列的张裂隙和最高>1m的挤压鼓包（图2-8（b）~（f）），可在约5km的范围内连续追踪。在观察点2-8(e)（34.55780°N，98.67070°E），根据左阶拉张阶区形成的张裂缝宽度，可得左旋位移量为1.0~1.5m。

在拉张弯曲以西，破裂带规模显著减小，以右阶斜列的张裂隙为主（图2-8）；在拉张弯曲以东，破裂带不连续，仅可见断续分布的张裂缝或张剪裂缝（图2-8（g）（h））。冬草阿龙湖段断层地貌迹线较为清晰，可见先存断层活动形成的山脊、水系位错和线性槽谷。

4）昌麻河乡段

昌麻河乡段以一左阶拉张阶区与黄河乡段相隔（图2-4），整体走向变为近东西向，呈向南突出的舒缓的弧形。破裂带由一系列线性剪裂隙、斜列挤压鼓包和张裂隙组合而成，总长约26km，延续性较好（图2-9）。局部可见规模较大的挤压鼓包（图2-9（b）（c））和正断层陡坎（图2-9（a）），可能与重力滑坡或垮塌作用有关。在观察点图2-9（g）（34.48784°N，99.17880°E）可见横跨破裂带的河岸发生了左旋位错，位错量为1.1m。在昌麻河乡以东9km，仅可见规模较小的（宽1~5km不等）的右阶张裂隙（图2-9（i）），大致代表了整个地表破裂带的东端。与鄂陵湖南段类似，昌麻河乡段断层的地貌迹线不清晰，可能表明该段断层较为年轻或活动性较弱。

4. 初步认识

综合震源参数、余震分布、InSAR反演结果和地表调查结果，获得了关

图 2-8 冬草阿龙湖段地表破裂带的变形特征，位置见图 2-4（b）

图中，（a）为右阶斜列张裂隙，最宽处达 30cm，深度 >1.8m；（b）为局部逆断层陡坎，高 60cm，走向约 110°；（c）为切过山坡、湖面冰层、走向北东东的地表破裂带，由一系列挤压鼓包和张剪裂隙组合而成；（d）为对称帐篷型挤压鼓包，高 1.4m；（e）为在左阶拉张阶区形成的张裂隙，据裂缝宽度可得左旋位移量为 1.0～1.5m；（f）为河流冰面上形成的挤压脊，走向 115°；（g）为多条近平行的张裂隙，沿河谷边缘呈北北西向展布，可能与重力作用有关；（h）为黄河北岸形成的走向 110° 的张剪裂隙，最大宽度为 60cm，最大垂直落差为 30cm，最大深度可达 1.4m。

图 2-9 昌麻河乡段地表破裂带的变形特征，位置见图 2-8（b）

图中，（a）为山脊处的张裂隙，形成高 40cm 的落差，走向 80°；（b）为河岸草皮上发育的挤压鼓包及其上的张裂隙，可能与重力滑脱作用有关；（c）为河岸草皮上的不对称帐篷型挤压鼓包，可能与重力滑脱作用有关；（d）为挤压鼓包和右阶斜列张裂隙；（e）为剪裂隙和挤压鼓包，整体走向 105°；（f）为昌麻河乡西由剪裂隙和挤压鼓包组成的地表破裂带，整体走向 100°；（g）为河岸左旋位错，位错量 1.1m；（h）为昌麻河乡附近走向 110° 的张裂隙，最宽处可达 80cm；（i）为靠近地表破裂带东端的右阶雁列张裂隙，宽 1~5cm 不等，走向 90°。

于 2021 年玛多 7.4 级地震的发震断层、地表破裂特征的一些初步认识，主要包括：

（1）发震断层。2021 年玛多 7.4 级地震使一西起鄂陵湖南、东至昌麻河乡，总长约 160km，走向北西的左旋走滑断层发生了破裂。综合中国活动构造图（邓起东等，2007）和中国及邻近地区地震构造图（徐锡伟等，2016）的断层数据，确定本次地震的发震断裂与昆仑山口—江错断裂的位置吻合：该断裂向西与东昆仑断裂相接，并向西延伸至甘德附近，长度 > 500km，本次玛多地震使该断层的东段—江错段发生了破裂。综上所述，我们认为玛多地震的发震断层为昆仑山口—江错断裂，破裂段为江错段。整个破裂段中鄂陵湖南段和昌麻河乡段地貌迹线不清晰，说明这 2 个段落的滑动速率较低或较为年轻，正处于形成和贯通过程中。

（2）地震地表破裂特征。玛多地震地表破裂的几何结构复杂，主要由线性剪裂隙、斜列张裂隙和张剪裂隙、挤压鼓包、地震陷坑等构造类型组合而成，在河谷地区伴有大量喷砂冒水和砂土液化。地表破裂带由西向东可依次划分为鄂陵湖南段、黄河乡段、冬草阿龙湖段和昌麻河段；不同段之间或走向差别较大，或以大的拉张阶区分隔。其中，鄂陵湖南段、黄河乡段的西段、冬草阿龙湖段的中段和昌麻河乡段地震地表破裂带明显且可连续追踪，尤以鄂陵湖南段地表破裂规模最大；其他段地表破裂断续分布。根据冲沟、道路和拉张阶区裂隙宽度可确定地表同震位移量为 1 ~ 2m，明显小于由 InSAR 反演的断层深部的同震滑动量 6m。一种可能的解释是同震变形弥散在很宽的范围内，野外调查只获得了断层近场的同震位移值。另一种可能的解释是地表同震位移量小于断层深部同震位移；地表同震位移亏损可能通过震间蠕滑或震后余滑的方式补偿。

（二）地震地质灾害

1. 地震滑坡

玛多 7.4 级地震触发的同震滑坡的主要分布位置：①部分公路边坡的切坡崩塌；②黄河干流及各级支流的两岸堤坝的崩塌；③风成黄土的规模较大的滑坡体。这些滑坡体均沿着余震条带和地表破裂带呈北西向的条带状，两侧分布的宽度均约 10km，出了这个范围之外，所见的滑坡体数量锐减。

公路边坡的崩塌体散见于花石峡至血麻村，玛多县城通往极震区的多条县道和乡道中，表现为切坡的冲洪

积砾石层、破碎基岩风化层或表层草皮沿公路切坡的崩塌，有的在震后应急调查中导致公路的部分路段通行受影响。野外调查发现血麻村的部分崩塌的现象比较清楚，表现为坡面顶部的含有草根系的团块沿着坡面滚落至坡脚，部分最后堆积在柏油路路面上（图 2 – 10）。

图 2 – 10　花石峡—达日公路左侧基岩崩塌体沿着坡面散布

黄河干流及各级支流的堤岸滑坡主要沿着余震带的黄河干流及支流黑河的部分堤岸发育，表现为松散沉积的各级阶地坎处沿着河床附近发生连续性的滑坡体，滑坡体的长度并不长，沿着坡面下部的临空面发生滑动，在滑坡体的后缘往往伴随裂缝发育（图 2 – 11）。

野外应急科考过程中，我们发现沿着余震带的河谷滑坡体的规模并不大，往往表现为沿着堤坝的条带状延伸，滑坡的规模受阶地陡坎的高度的限制，滑坡体的土方量并不大。滑坡堆积体多就地堆积至坡地或直接滑落至河流中。

黄土河谷中局部区域发育典型的河谷风成沙丘，部分沙丘的规模较为完整，呈新月形沙丘，而沿着河谷的有利地带，往往会形成基岩山地迎风坡的沙丘堆积，而这些堆积往往会在强烈震动条件下发生滑坡。

血麻村以西玛多通往血麻村的公路右岸有 3 处典型的滑坡，可以看到 3 处滑坡位于基岩山地的风成沙堆积

图 2 - 11　黄河大桥左岸黄河阶地陡坎的砂层滑坡体

体上，部分坡面覆盖耐旱的植被，滑坡体位于两条溪流的上游部位，出山口下部发育山前沼泽地上的大量震动裂缝和砂土液化现象，部分表层的坡面重力滑动导致地表出现严重的挤压鼓包现象。

这3处滑坡体的面积分别为 $4.3 \times 10^5 m^2$，$1.6 \times 10^5 m^2$ 和 $0.7 \times 10^5 m^2$，滑坡体的厚度在不同部位有所不同，堆积体的厚度约为10m，滑坡体的体积估算分别为 $27 \times 10^5 m^3$，$4.2 \times 10^5 m^3$ 和 $3.8 \times 10^5 m^3$，图 2 - 12 所示为滑坡体的物源区、流通区和堆积区的形态特征及滑坡体剖面展示的沉积厚度分布图，从图中可以看到滑坡体的物源区多为原始的黄土沉积的坡面，流通区的规模较小，堆积区主要

位于溪流的河谷，滑坡物质堵塞了原有的河谷，从而形成了以松散砂层组成的堰塞坝，由于溪流的流量较小，但在应急科考期间，仍发现形成滑坡体的小型堰塞湖，且在一处滑坡体的边缘形成一处新的河流通道，这是本次玛多地震滑坡体的一处典型的滑坡体的完整灾害链。

调查显示，3处滑坡体附近的滑坡体后缘的张裂缝系统，从图中可以看到在已发生滑坡体的后缘仍发育规模较为众多的密集的条带状裂缝，裂缝剖面呈弧形，沿着滑坡体的后壁展布，但裂缝的规模均不大，未发生滑坡的部分区段地表也发育大量的震动裂缝，进而说明这些坡面上发生了"震而未滑"的坡面破坏现象。

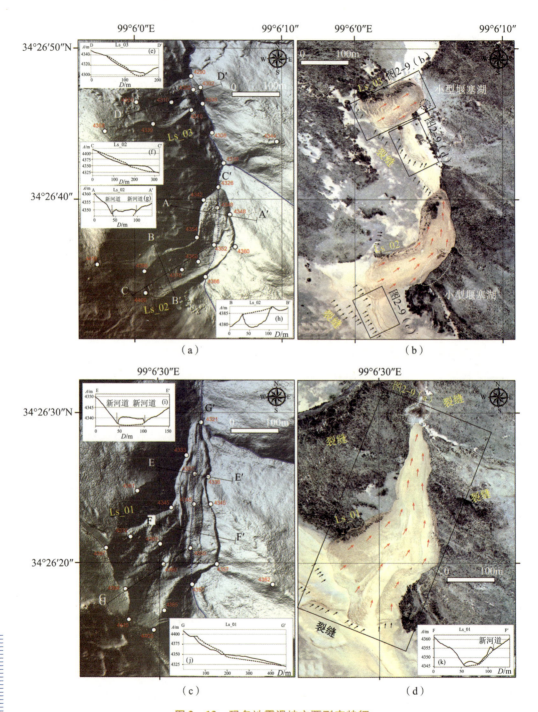

图 2-12　玛多地震滑坡主要形态特征

图中，（a）、（c）和（b）、（d）分别为两处滑坡的 DEM 与正射影像，插图为剖面显示的滑坡体的剖面特征。

玛多7.4级地震同震滑坡现象在野外调查中虽然沿着河谷有发育，但总体数量还是较少，与极震区内普遍发育的低阶地面或沼泽地上的大量砂土液化现象相比，起分布的规模和强度均较为零散。不过这些滑坡体所展示的地震及次生灾害的链生效应还是比较明显，特别是这里介绍的3处典型的风成砂松散沉积坡面上的滑坡堵塞河道，形成规模较小的堰塞湖和形成新的河流河道等，都是较为典型的灾害链案例。

玛多7.4级地震滑坡的空间分布严格受地表破裂带的范围和地形地貌限制，即野外调查发现的滑坡体的分布与余震带的分布和地表破裂带及变形带的分布往往伴生，垂直主破裂带向两侧衰减较为明显，滑坡发生的具体部位则与地形坡度有较为密切的关系。这里需要指出的是，虽然滑坡体的可识别的数量较为有限，但是坡面已经发生破坏形成的大量裂缝系统，在后续的强余震或强降雨条件下，可能发生新活动，从而造成牧区草场的破坏和可能的人畜的损伤，这是玛多地震之后应该注意的次生灾害负面效应之一。

2. 砂土液化与喷砂冒水

玛多7.4级地震喷砂冒水现象是此次地震次生灾害的一个显著现象，

喷砂冒水是地表以下的含水砂层在强烈地震动条件下发生的孔隙水压急剧变化，形成砂土液化，沿着一定的通道喷出地表形成液化坑和局部的液化喷水堆积。

野外调查此次地震的砂土液化现象总的分布受地震地表破裂带的分布所限，但与地震滑坡分布不同的是，其空间分布受地形和地下水的影响更为明显，主要分布在地下水位较浅且存在可液化含水砂层的条件下，在洪积扇的后缘和基岩山地或者地下水位较低的区域发生液化的可能性显著降低。

此次调查中发现砂土液化主要分布于滩涂与河谷地区，砂土液化主要表现为喷砂冒水孔，此次地震后发现液化喷砂孔密集分布（图2-13），多为圆形或椭圆形，包括串珠状喷砂冒水孔、孤立的喷砂冒水孔、散布的喷砂冒水孔、层叠喷砂冒水孔等形式（图2-14）。震区喷砂影响区域地下水位高，地下水接近地表。

值得注意的是，本次地震液化区域海拔在4000m以上，属罕见的高原区液化，震区内主要工程破坏与区域震害皆伴生大范围地震液化现象，是有研究记录以来平均海拔最高的地震液化致灾事件。

（a）　　　　　　　　　　　　　　　　（b）

（c）　　　　　　　　　　　　　　　　（d）

图 2 – 13　玛多地震同震砂土液化现象

　　（a）血麻村老旧房屋震毁，铁皮房及铁塔受损较轻；村庄及附近公路有许多同震裂缝；（b）鄂陵湖附近，车辙被左旋断错 1.5m，沿着地表破裂带及其附近分布的大量砂土液化坑；（c）血麻村附近，地震造成公路破坏，不稳定土质边坡崩塌，冰面开裂；（d）支流河谷和低阶地上分布着密集的液化坑和裂缝

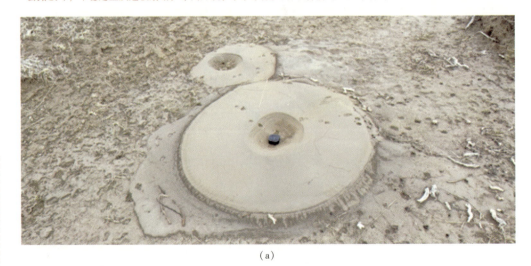

（a）

图 2 – 14　玛多地震同震砂土液化类型

（a）圆形

（b）

（c）　　　　　　　　　　　　　　　　　（d）

图 2-14　玛多地震同震砂土液化类型（续）

（b）椭圆形；（c）不规则形；（d）串珠状

野外调查发现砂土液化现象主要集中的区域包括：

（1）地表破裂带西端鄂陵湖南岸的区域。这里液化坑的分布较为密集，表现为沿着地表破裂带两侧一定范围内，液化坑密集分布，有的液化坑就发育在地表破裂带上，液化喷出的砂堆积了裂缝带，震后调查发现液化水位接近至地表，部分液化坑位于地表水位以下，有的位于原来地表水体内部，液化的结果导致地表水域面积增加和地表水体变得浑浊不堪（图 2-15）。

（2）鄂陵湖南岸至黄河乡一带。地表破裂带沿着黄河支流黑河的左岸阶地延伸，而砂土液化现象主要集中在黑河河谷及低阶地上，在野马滩高速特大桥的附近可以看到大量的液化

图2-15　鄂陵湖南岸地表破裂带通过处发育的大量喷砂冒水现象，导致地表水体变得浑浊，地表水面积增加

喷砂孔，且发现大量的液化孔位于原有水面的湖底，导致水域面积增加，同时水变得浑浊。同时，在一些原来干涸的地洼地带可以看到明显的因喷砂导致的新的水体的形成，不过在野外调查期间，这些水体受地下水位的调整和蒸发作用，新形成的液化水域的地表水的面积会发生快速的变化，这些水域的变化导致原有植被的破坏。

黄河乡以东的冬草阿隆湖附近，黄河左岸也发育较为集中的液化现象，主要现象为沿着沼泽地密集发育，震前的水域以下，震前的沼泽地之上均发育液化坑，在以下冲积扇的前缘地下水位较低的部位也发育有大量的喷水坑，这些区域是未来开展液化坑详细制图的重要区域。在本次地

震余震和破裂的尾端血麻村附近、昌麻河河谷的野外应急调查中也发现沿着公路和河谷低阶地上发育的大量的液化喷砂现象（图2-16），这些喷砂现象有的位于公路上，形成一层砂层，有的位于河谷内，形成液化坑，局部地形出现凹陷。位于洪积扇前缘的液化坑往往会沿着地表同震裂缝或者沿着已有的动物洞穴喷涌而出（图2-17），液化砂弥漫在之前的草地上，形成影响范围较大的表层浸染，在震后应急调查中极为显著。

野外调查在河谷低阶地上发育的孤立型的液化坑，往往砂质较为纯净，形成"泥火山"式的喷砂孔，喷砂的厚度在喷出孔附近可以达到20cm，往两侧逐渐变薄（图2-18）。

图 2 – 16　血麻村北公路上及河谷发育的喷砂冒水现象

图 2 – 17　沼泽地内发育的密集喷砂冒水现象

图 2 – 18　黄河支流河谷阶地上发育的喷砂孔

仅从已有的调查结果来看，玛多7.4级地震砂土液化现象还有两个主要特点：

（1）在本次地震之前，沿着地表地洼地区已经发育有大量的密集古液化坑，散布在地势较为地洼地区，这些液化坑已经在地表作用下，形成圆形的灌木丛，说明此次地震之前，可能已经有至少一次或多次的地震事件导致这一地区出现大量的古液化坑遗迹。

（2）地表以下含水的砂层在强烈地震动条件下发生液化而喷出地表，导致液化区域地表以下物质的亏损，从而发生沉降。在液化之后，喷出地表的砂层在地下水位下降之后，风力吹蚀作用下部分液化砂被吹离原地，从而加剧了液化坑的地洼程度，进而使其成为高原上地表松散水体分布较为广泛的储水场所，也是下一次液化较容易发育的区域，这就是野外应急科考看到的古液化孔呈带分布的重要特征。

五、小结

通过详细的野外地质调查和沿地表破裂带无人机测绘，结合高分遥感解译、地震精定位、余震分布、形变场特征、地震破裂过程反演等资料，获得了本次地震发震构造及破裂特征，震害分布类型及特征。

第三章

青海玛多 7.4 级地震强地面运动与工程震害调查专题总结报告

一、工作概况

（一）目标与任务

对震区强地面运动分布特征、地质灾害、工程震害进行调查，给出地面运动峰值参数（PGA 和 PGV）分布图和地震烈度分布图，实现对主震地震动场的构建；基于震害分析资料，对工程结构震害特征和破坏机理进行分析和研判，服务韧性城乡建设；校核与修订灾区地震区划图，服务灾区恢复重建工程。

（二）工作团队

2021 年 5 月 22 日 02 时 04 分，青海果洛州玛多县发生 7.4 级地震，震源深度约 17km。22 日 16 时，青海玛多 7.4 级地震科考启动，"强地面运动与工程震害调查组"成立，外业组由中国地震局工程力学研究所（简称"工力所"）（黄勇、张昊宇、汪云龙）、同济大学（管仲国）和青海省地震局（简称"青海局"）（蔡丽雯、绽蓓蕾、刘炜）三方联合组成。内业组由工力所（温瑞智、王宏伟等）负责分析强地面运动特征，研判震害机理。

（三）科考实施过程

5 月 26—31 日，外业组主要调查了玛查理镇几座框架结构房屋、野马滩大桥、黑河中桥、野马滩 2 号大桥、大野马岭大桥、吾儿美岗大桥、黄河乡建筑及雅娘黄河大桥（新旧两桥）、昌马河镇民居建筑、通信设施以及昌马河大桥破拆后的震害情况。

二、现场工作

5 月 26 日，工力所科考组成员黄勇、张昊宇、汪云龙携带无人机、激光测距仪和回弹仪等仪器设备从哈尔滨出发，乘飞机于 21∶30 到达西宁。

5 月 27 日，他们与科考队伍其他同志汇合，驱车从西宁到达青海省玛多县城，入住指挥部所在酒店黄河源大酒店（海拔约 4200m）。对所驻扎的玛多县玛查理镇几座框架结构房屋进行调查。

5月28日，科考队伍驱车从玛多出发至野马滩大桥（海拔约 4220m），主要围绕野马滩大桥进行了震害调查，利用无人机对桥梁进行了航拍测量，大桥长 507m，从桥北端走到南端，并对距离野马滩大桥 1km 左右的黑河中桥进行了调查、测量；下午驱车返回玛多县黄河源大酒店。

5月29日，科考队伍驱车从玛多出发至野马滩2号大桥（海拔4220m 左右），主要围绕野马滩2号桥进行了震害调查，利用无人机对桥梁进行了航拍测量，大桥长 888.12m，分上下行线。调查从北端走到南端，又从南端走回到北端，并对液化较为显著的 28#~35# 墩进行了测量。下午驱车返回玛多县黄河源大酒店。途经大野马岭大桥、吾儿美岗大桥，进行了无人机航拍测量和实地观测。

5月30日，强地面运动与工程震害调查组兵分两路：一路随青海省地震局考察组返回西宁进行资料调查；另一路，即工力所考察组黄勇、管仲国、张昊宇、汪云龙4人主要围绕黄河乡和昌马河乡进行了震害调查。他们于早上 6:30 出发驱车至黄河乡（海拔4220m 左右），对黄河乡建筑及雅娘黄河大桥（新旧两桥）进行调查；之后又驱车至昌马河镇（海拔4400m 左右）对民居建筑、通信设施以及昌马河大桥破拆后的震害情况进行调查；下午3点多驱车返回西宁，约晚上 10 点到达西宁的宾馆。

三、数据获取情况

地震后共收到青海局16组强震动记录事件。此外，利用无人机与现场拍摄调查相结合的方式，收集了野马滩大桥、黑河中桥、野马滩2号大桥、大野马岭大桥、吾儿美岗大桥、雅娘黄河大桥（新旧两桥）、昌马河大桥破拆后的震害情况相关数据；调查了玛查理镇几座框架结构房屋、黄河乡建筑、昌马河镇民居建筑、通信设施震害情况。调查了野马滩大桥、野马滩2号大桥、吾儿美岗大桥、雅娘黄河大桥（新旧两桥）、昌马河大桥周边的砂土液化情况。

四、研究分析成果和新认识、新发现 ▶▶▶▶▶

（一）强震动观测

分析整理了 16 组强震记录的速度、位移时程以及加速度反应谱、傅氏谱。其中大武台震中距最小，震中距为 175.6km，东西、南北、垂直向的加速度峰值分别为 46.0cm/s^2、40.6cm/s^2、-19.1cm/s^2、速度峰值分别为 3.3cm/s、7.5cm/s、2.7cm/s，计算仪器地震烈度 6.0（Ⅵ）度。

（二）地震动模拟

采用两类震源滑移分布模型——包括 3 个真实地震的反演结果与 10 组随机震源运动学模型，并基于考虑动态拐角频率的随机有限断层方法，完成了地震区域内虚拟网格点三维地震动模拟，得到近场地区强地面运动的三分量模拟记录。模拟结果显示：基于中国地震烈度表得到模拟震区烈度分布，不同模拟结果与烈度图的一致性较高，仅在极震区附近出现部分差异；各模型的模拟结果在近断层附近的带状子区域内的烈度分布差异主要由滑移分布引起。模拟烈度和实测烈度的一致性证明，随机方法不仅能够

验证真实地震动影响场，在震后及时给出地震动强度指标的分布或基于模拟结果给出潜在震区相对合理的地震烈度的估计分布，还能够实现对情景地震下地震动空间分布的估计，对震区强震动分布及抗震减灾工作提供理论参考。

（三）公路桥梁的震害调查

根据青海局现场工作队野外调查和烈度评定初步结果，野马滩大桥距离发震断层非常近。综合此次地震中野马滩大桥震害表现和地震动记录参数特性分析，考察组初步判断此次野马滩大桥、野马滩 2 号桥整齐划一的落梁震害机理应是近断层地震法向方向性效应的强脉冲作用所致，并且极有可能是在同一强速度脉冲、几乎相同的时刻发生多跨落梁，否则如果存在较大的时间差且位移是由地震累积作用产生的，则未必所有的落梁跨均为南侧落梁、北侧支承这种整齐划一的模式。

相比野马滩大桥，2 号桥的震害更轻一些，这主要应是距离断层相对更远的缘故。但野马滩 2 号桥上下行

线之间的震害也存在一定的差异。尽管上下行线北端的震害较为相近，但南端的震害差异显著，下行线发生多跨落梁，尤其是桥台伸缩缝处的主梁位移显著大于上行线，并且下行线的联间碰撞损伤也显著高于上行线。根据现场的调查情况，可能存在的相关因素包括：①下行线为5跨一联，总跨数45，上行线为4跨一联，总跨数44跨；②下行线东临西景线，桥区段西景线路基整体较为完整，西景线与下行线间未见土体液化现象，而上、下行之间南部区域存在明显伴生液化，可能存在场地地震波局部效应；③下行线第9联41～44跨均落梁，桥面连续构造牵拉第45跨梁向北位移，导致下行线台—梁伸缩缝位移显著高于上行线。

黑河中桥是位于野马滩大桥和野马滩2号桥两座出现落梁严重破坏的桥梁中间的桥梁，仅发生轻微损伤。分析其原因，黑河中桥支座类型和连接方式同野马滩大桥，上部结构梁型和下部结构形式也基本相同，但黑河中桥上下行线均为一联，南北侧桥台处预留伸缩缝非常小，因此可以判断结构轻微的震害并非来自减隔震支座的减震功效，而应是桥台的纵向约束作用，整个桥梁的纵向地震响应类似于整体式桥，基本可与地面保持同步

运动。由于桥梁跨数少、质量轻，同时断层法向方向的强速度脉冲未必对应显著的 PGA，当桥台及其背后填土能够克服上部结构的惯性力，纵向震害即较轻。

从吾儿美岗大桥的响应和损伤情况看，结构南北方向的地震响应高于东西方向。同时还需指出的是，吾儿美岗大桥的减隔震支座与上、下部结构均采用了有效的锚固，这是减隔震支座发挥其减震耗能功效的必要保证。

对于雅娘黄河桥，地处微观震中区，从结构震害特征表现上看，未见桥台处支座明显的纵、横向移位，未见桥墩处主梁与纵、横向挡块相对的变形和碰撞以及挡块的开裂行为，未见墩柱明显的纵、横向残余位移，各桥墩基本保持竖直状态，未见桥面混凝土栏杆显著的破坏，仅见桥墩墩底显著的混凝土压溃破坏和旧桥盖梁明显的压裂破坏，由此可见该桥未发生水平方向地震作用所导致的显著震害特征，因此初步推断墩底的压溃破坏可能系震中竖向地震动所致。

（四） 房屋建筑的震害调查

紧邻微观震中的黄河乡建筑震害程度相对较轻，主要表现为砖木结构房屋部分房屋落瓦，部分围墙倒塌，

砖混结构的少数承重砖墙及框架结构部分隔墙开裂，土木结构房屋部分严重破坏。

而距微观震中以东85km的昌马河工区建筑震害相对较重，主要表现为无抗震措施的砖木结构房屋全部严重破坏或倒塌，具备合理抗震措施的砖混结构基本完好或轻微破坏，在建轻钢厂房均钢柱倾斜、维护墙明显开裂，围墙多数倒塌。

玛多县城距离震中约35km，在地表破裂的北侧，同时地势相对较高，无砂土液化，因此其震害的程度和表现形势大体符合常规规律：具有抗震措施的RC框架主体结构基本完好或轻微损伤，填充墙、装修等非结构构件明显震损。

（五）地震液化的调查

玛多7.4级地震触发了海拔4000m以上区域近千平方千米区域内的大规模液化现象（图3-1），在液化研究史上罕见，其在液化研究与地质环境相关性方面具有重要科学意义。

图3-1　野马滩大桥附近液化现象

震区内典型工程破坏基本上都伴随液化现象，特别是发生桥梁震害的场地均有显著液化现象，提示了在工程震害分析中应注重液化的影响，也为液化致灾机理研究与工程防治方法研究提供了实践基础。

第四章

青海玛多 7.4 级地震地震序列研究
专题总结报告

一、工作概况

地震序列研究组由中国地震局地震预测研究所（简称"预测所"）、青海省地震局（简称"青海局"）、中国地震局地球物理研究所（简称"地球所"）、防灾科技学院、江苏省地震局（简称"江苏局"）、中国地震局第二监测中心（简称"二测中心"）等单位参加。自5月22日以来，组织和参加了80余次震情会商会（含60余次序列震后应急的各类会商）。除原定目标"开展地震现场流动观测，分析处理地震观测资料"外，地震序列研究组的其他预期目标与任务均已完成。

（一）目标与任务

开展地震现场流动观测，分析处理地震观测资料，通过地震序列精定位、震源机制解给出余震序列精定位空间分布图，描绘地震破裂过程，判定地震序列类型、发展趋势及对周边区域、中国重点地区强震危险性的影响，加强对触发地震的监测分析，研究巴颜喀拉块体强震发展趋势。

（二）工作团队

预测所：张永仙、赵翠萍、王武

星、王勤彩、张盛峰、魏文薪、王芃、刘琦、徐超文、王洵、王卫民等。

地球所：房立华、王未来、范莉苹、蒋策。

青海局：屠泓为、黄浩、张晓清、刘文邦、李启雷、赵玉红、张丽峰、张朋涛、胡维云等。

江苏局：张金川。

二测中心：季灵运、李君。

防灾科技学院：万永革。

（三）科考实施过程

地震序列研究组基于地震目录和地震波形，开展了序列参数跟踪、震源机制、破裂过程、小震精定位和玛多7.4级地震对地震趋势的影响等工作。在开展科考工作的同时，组织和参加了80余次震情会商会（含60余次序列震后应急的各类会商），为震后趋势预测提供阶段研究成果，为震后趋势会商提供科学支撑。

自玛多7.4级地震发生后，逐日添加数据并进行地震精定位和震源机制解反演，分析地震序列时空演变，给出强余震预测意见，直至此次地震科考任务结束。

玛多7.4级地震发生在高海拔地区，人烟稀少，近场地震观测较少，因此，由全球地震台网获取实时远场波形数据，反演了此次地震的震源机制及破裂过程初步结果；随着地形变观测资料的补充，可以较直观地获取发震断层的几何形态，并结合两类数据在时间和空间上的优势分辨率，采用分层地壳模型，联合反演获取玛多地震断层破裂展布的细节信息，为后续余震分布、应力触发等研究提供数据依据。

二、数据获取情况　▶▶▶▶▶

地震序列研究采用的地震目录和波形来自中国地震台网中心和青海局。反演的地震破裂结果来自北京大学（张勇）、预测所（洪顺英、王涧）、地球所、中国科学院青藏高原研究所（王卫民）等，震源机制解和地震精定位结果来自预测所、地球所、青海局和防灾科技学院。

三、研究分析成果和新认识、新发现　▶▶▶▶▶

（一）序列参数跟踪

2021年5月22日02时04分，青海果洛州玛多县发生7.4级地震，余震分布及地表破裂约170km，震源机制解为左旋走滑型，同时该地震发生在传统的巴颜喀拉块体内部（图4-1）。

截至7月6日共发生定位余震2168次，其中M_L1.0～1.9地震1183次，M_L2.0～2.9地震752次，M_L3.0～3.9地震199次，M_L4.0～4.9地震33次，M_L5.0～5.9地震1次，最大余震为5月22日10时29分玛多5.1级地震。

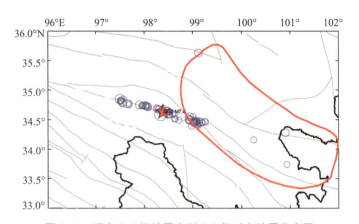

图 4-1 玛多 7.4 级地震序列 3.0 级以上地震分布图

图中，红色五角星为 7.4 级主震位置；蓝色圆圈为地震震中；
灰色线条为断层；红色闭环区为年度危险区；黑色粗线为省界。

利用青海省地震台网 2021 年 5 月 22 日 02 时—6 月 21 日 12 时资料（定位 $M_L1.0$ 以上余震 2013 次），整个序列参数计算结果是：b 值为 0.71（图 4-2（a）），h 值为 2.1（图 4-2（b）），p 值为 1.142（图 4-2（c））。利用序列参数及以往周边地震最大余震统计结果，分析认为玛多 7.4 级地震序列为主余型地震，最大余震为 5.5 级左右。

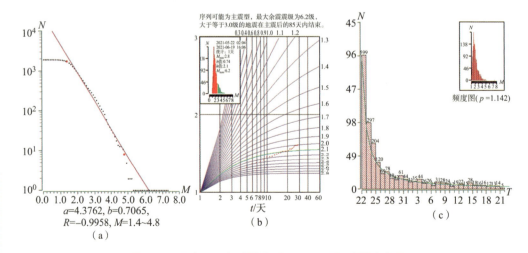

图 4-2 玛多 7.4 级地震序列 $M_L3.0$ 以上地震分布图

（a）b 值；（b）h 值；（c）p 值

根据 b 值空间扫描计算结果，震区东段和中西段 b 值偏低，是未来可能发生强余震的地区（图4-3）。

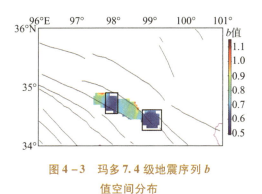

图4-3　玛多7.4级地震序列 b 值空间分布

5月21日之前 M_L 3.5以上余震的视应力都低于正常值，显示在跟踪阶段震区再次发生较大地震的可能性不大（图4-4）。

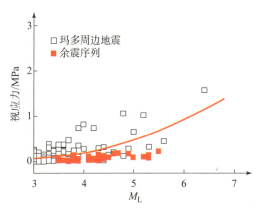

图4-4　玛多7.4级地震序列视应力值与背景值比较图

图中，红色方块为玛多余震，空心方块为周边地震。

（二）震源机制

国内外9个研究机构和小组给出的10个震源机制结果相近，显示该地震为左旋走滑为主的近乎直立的破裂，但倾向有差异。余震震源机制结果显示，余震区破裂性质比较复杂，存在局部张性和压性破裂。

（三）破裂过程

玛多7.4级地震发生之后，各机构迅速开展响应，包括发震构造研究及断层活动模型反演，其中震源破裂过程反演结果发布机构主要有美国地质调查局（USGS）、北京大学、中国科学院青藏高原研究所、地质所和预测所。这些结果均表明玛多地震是一次较高倾角的左旋走滑地震事件，并在地表产生了较大范围的地表破裂，但由于发布时间、采用资料完备性、反演策略等有所区别，各机构震源破裂模型在断层模型、断层走向和倾角、断层滑动分布细节特征等方面存在一定的差异性。各机构结果如图4-5所示。

各机构结果表明，震后数小时内基于波形资料获得的反演结果一定程度上保持了一致性，但由于发震断裂构造背景认识的差异，波形资料反演采用的均为单平面断层模型，断层走向范围为90°~110°，破裂长度为140~200km，破裂滑动均到达地表，最大滑动量为4~7m，滑动分布细节差异

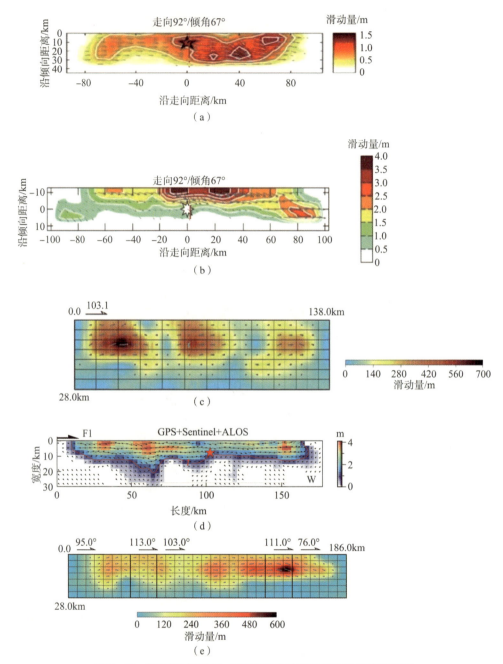

图 4-5　各机构对玛多 7.4 级地震破裂过程反演结果的对比图

（a）张旭和张勇提供（5 月 22 日 04:03 发布）；（b）张勇和张旭（5 月 22 日 06:54 发布）；（c）中国科学院青藏高原研究所与中国科学院地质与地球物理研究所提供（本报告初步结果）；（d）洪顺英提供；（e）预测所新技术室提供（本报告联合反演结果）

较大。预测所新技术室应用 InSAR 技术获取了发震断裂地表几何形态、分段形式，同震地表位移，并联合远场地震波形数据反演获取玛多7.4级地震详细破裂信息，构建的五段式断层模型可以很好地拟合两类观测资料以及野外实地考察数据，各子断层走向参考 InSAR 同震干涉形变场，由西至东分别为95°、113°、103°、111°、76°，较大滑动分布在断层面东段，深度在10km左右。

（四）小震精定位

房立华、王勤彩、黄浩等利用精定位技术对玛多7.4级地震序列重新进行了定位。

1. 房立华小组结果

玛多7.4级地震发生后，青海局利用地震周边固定台站和流动台站对该地震序列进行了快速分析，距主震400km范围内的53个台站为精定位研究提供了宝贵的数据。为确保震相数据的可靠性，房立华小组对2021年5月22日—5月30日的震相观测报告数据进行了筛选，从中挑选出满足以下两个条件的地震事件：①参与定位的台站数量不小于4个；②震级大于0.0级。选取了1480个地震，利用这些震相数据进行地震重定位，要求震相数量不小于6个，满足条件的地震

有1413个。经过地震事件组对后参与重定位的地震数量为1208个，台站数量为52个。

从精定位结果得到的认识是：

（1）重定位结果显示整个地震序列总长度约170km，主震东西两侧破裂长度各约85km，震中呈现明显的北西西向线性分布，通过拟合得到其平均走向为285°。在余震区两端都出现了余震分布分叉的特征，在西端有一个北西向的分叉，地震事件相对较少；在东端的分叉呈东西向，但地震事件较多。主震东侧在震后6小时内存在一个"余震稀疏段"，该段在后期的余震活动也相对较弱，这可能与主震破裂过程中能量释放充分有关，短期地震危险性不大。

（2）震源深度剖面显示，地震序列整体呈现近垂直，但不同段落形态有一定差异：西段总体上展现向西南小幅倾斜，中段展现向东北小幅倾斜的特征，在最东段的地震分叉两支则都呈近垂直分布。通过对主体条带和分支的主要特征节点进行标定，并按照节点给出了走向、倾向和倾角，主条带整体呈弧形。西段走向约282°，而从中段到东段的走向主要在289°~299°变化，此次主震发生的中段区域是主条带上方位角偏转最大的区域，偏转角度达15°。6~13km深度上的

条带连续性好且最光滑，13km 以下的地震条带连续性差且出现多次偏转，暗示地震破裂面在深部比浅部具有更复杂的几何形态。

（3）距离本次地震序列最近的断裂是昆仑山口—江错断裂带，该断裂西段位于巴颜喀拉块体北部边界带上，是 2001 年昆仑山口 M_S8.1 地震的发震断层。此次玛多 7.4 级地震序列东南段存在分叉现象，且以东西向北侧分支为主导，破裂面走向与中西部存在较大的角度偏转，表明此处很有可能是昆仑山口—江错断裂带的末梢位置。本次地震序列东段以东西向横穿玛多—甘德断裂带，二者具有较大的角度差异，表明该断裂不大可能是本次强震的发震断层。整个序列跟昆仑山口—江错断裂东段距离最近，而且二者在空间展布上具有一定的重合度，因此，综合判断昆仑山口—江错断裂是本次强震的主要发震断层。

2. 王勤彩小组结果

从中国地震台网中心地震编目系统下载了 2021 年 5 月 22 日—6 月 3 日的地震震相报告（http://10.5.160.18），共有 1661 个地震。使用距地震丛质心小于 450km 的台站，每个地震定位台站数不小于 4，地震对最大距离为 10km、最小连接数为 6，通过双差定位法进行精定位。成功配对的地震有

1348 个，P 波双差走时 44795 个，S 波双差走时 25700 个，参与反演计算的台站 53 个，P 波权重取 1.0，S 波权重取 0.5，10 次迭代后均方根残差由 0.7421s 减小到 0.2185s，得到 1218 个地震的精定位结果，其中 7 级地震 1 个，5 级地震 1 个，4～4.9 级地震 29 个，3.0～3.9 级地震 179 个。

从精定位结果得到的认识是：

（1）玛多 7.4 级地震序列具有复杂的断层结构。断层总长 170km，以左旋走滑为主，由西向东分为 6 段，B 段到 E 段各段间呈雁列排列，断层两端走向均有明显偏转，东端由北西西向转为东西向，东西向断层由多条不连续走滑断层组成，西端由北西西向转为北西向，北西向断层段存在较大的逆冲分量。

（2）玛多 7.4 级地震序列余震震中分布呈现密集与稀疏相间的特征，地震密集区为断层走向发生转折部位或雁列断层的阶部。地震序列活动初期东段有一个长约 15km 的空段，其位置与主震破裂过程最大滑移量区域相匹配。

（3）主震发生后断层东端东西向小断层率先活动，并在 4 个小时内地震覆盖整个小断层，近东西向断层可能是先存断层。主震以西余震呈渐进式推进，1 个小时余震向北西西向推

进了约80km，8个小时后余震分布长度已达170km。

（4）玛多7.4级地震序列发生在昆仑山口—江错断裂东段。

3. 黄浩小组结果

采用全国统一编目结果和震相观测报告，挑选2021年5月22日—6月5日玛多7.4级地震序列中 $M_L \geq 1.0$ 地震共1683次，采用双差定位方法（Waldhauser and Ellsworth，2000）对其进行重定位。选取距玛多7.4级地震序列300km范围内的台站，设定地震对之间的最大距离不超过10km，OBSCT设为6（即每个地震对联系在一起形成"震群"的最少震相数为6）。在计算过程中，采用共轭梯度法求解方程，经过2轮共16次迭代后得到重定位结果，震源位置在水平向的平均估算误差约0.3km，在垂直向的平均估算误差约0.5km。

由重定位结果获得的认识为：

余震区长约165km，总体具有北西西-南南东展布特征，震源深度主要分布在0～20km。②余震区西段（约77km）和东段（约87km）断层走向存在较明显差异，在主震西侧发生约12°转折，在余震区东段存在长约30km的北东东向分支，余震区东段存在长约14km的地震稀疏区。③深度剖面结果显示，玛多7.4级地震

位于余震区底部、双侧破裂特征明显。

从房立华小组、王勤彩小组、黄浩小组的结果看，共性是破裂区均为165～170km，断层面近乎直立，破裂区有分段特征。但三家的结果存在一定差异性，主要表现为：①房立华小组给出的破裂区东、西两端均出现分叉现象，而黄浩小组和王勤彩小组的破裂区仅在东端出现；②房立华小组给出的余震深度最大值为30km，优势分布深度为7～15km；王勤彩小组给出的余震深度最大值为18km，优势分布深度为6～13km；黄浩小组的余震分布为0～20km。

（五）时—空传染型余震序列（ETAS）模型对震后趋势的跟踪分析

1. 玛多7.4级地震应急会商分析结果

5月22日玛多7.4级地震发生之后，采用时—空传染型余震序列（ETAS）模型参加了预测所组织的地震应急会商工作，分析了震源区地震序列特征，计算了指示序列不同特征的模型参数，并基于统计除丛方法分析了震源区背景地震活动和触发地震活动，认为震源区西南方向存在多个丛集性特征较为明显的地震序列，本

次地震后出现触发余震的可能性较高，背景地震活动相对较高的区域位于震中东北区域，计算了此次地震被其他事件触发的综合概率水平为0.03，推测更可能为一次背景地震活动（图4-6）。

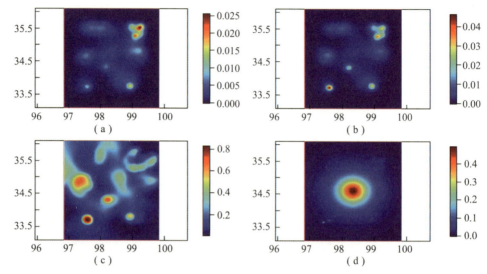

图4-6　利用ETAS模型拟合得到的研究区背景地震发生率、空间总强度、
丛集系数和截至时间区间终点 $t = t_{start} + T$（即2021年5月22日）的条件强度分布
（a）背景地震发生率；（b）空间总强度；（c）丛集系数；（d）截至时间区终点的条件强度

2. 玛多7.4级地震序列跟踪分析结果与检验

采用时间传染型余震序列（ETAS）模型对玛多7.4级地震序列进行日常跟踪，计算了余震序列强度随时间的变化及模型拟合得到的模型参数，并通过模型对未来3天不同震级的余震情况进行了预测。图4-7所示为ETAS模型给出的概率预测结果。结果显示，5月22日之后玛多7.4级地震序列衰减较快，并具有较高触发次级余震的能力。

为评估传染型余震序列（ETAS）模型针对青海玛多7.4级地震余震序列进行概率预测的效能，对震后每一时间节点的地震序列进行了模型拟合，预测未来3天不同震级范围目标地震的发震概率和发生率情况，并采用常用的接收者工作特征（Receiver Operating Characteristic，ROC）方法进行了严格的统计检验。图4-8所示为利用ETAS模型得到的对不同震级范围目标地震未来3天内的发震概率及发生率预测情况，可以看出，不同目标地震事件的发生概率和发生率随时间总体上呈衰减趋势，同时，由于

当前对未来3天的余震预测结果：

至少发生一次目标震级以上地震的概率为：
$P(M \geq 6.0) = 0.039$
$P(M \geq 5.0) = 0.17$
$P(M \geq 4.0) = 0.524$

相应震级地震事件的每日发生率为：
$\lambda(M \geq 6.0) = 0.014$个/天
$\lambda(M \geq 5.0) = 0.080$个/天
$\lambda(M \geq 4.0) = 0.431$个/天

（a）

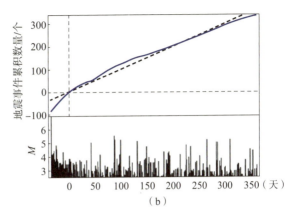

（b）

图 4-7 ETAS 模型给出的概率预测结果

（a）日常跟踪给出的对未来 3 天的余震预测结果；（b）ETAS 模型得到的
转换时间域内地震事件累积数量随时间变化（6 月 21 日）的结果

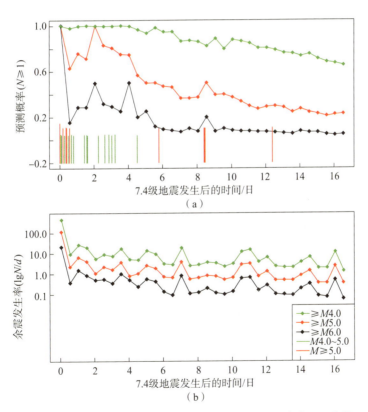

（a）

（b）

**图 4-8 ETAS 模型得到的对不同震级范围目标地震未来 3 天内的
预测概率及发生率**

（a）预测概率，图中标注了已发生的 4.0 级以上地震 $M-T$ 图；（b）发生率

期间受到余震发生的影响，预测曲线均会有所起伏，表明强余震的发生同样会对后续余震的发生情况产生影响。

结果显示，ETAS 模型对 4.0 级以上目标地震的预测情况较好，AUC 为 0.95，对 5.0 级以上目标地震的预测情况仍优于随机预测，AUC 为 0.65。

（六）玛多 7.4 级地震对地震趋势的影响

基于地震活动资料分析了玛多 7.4 级地震对地震趋势的影响；基于大地测量资料分析了巴颜喀拉块体边界和内部的强震活动趋势。

1. 玛多 7.4 级地震对地震趋势的影响分析

2021 年 5 月 22 日玛多 7.4 级地震打破了自 2017 年九寨沟 7.0 级地震以来中国 3.8 年的 7 级地震平静期（图 4 - 9）。根据中国 7 级以上地震的强度、频次和时间间隔，认为目前中国活动状态类似于 1900—1955 年，即处于只有相对强弱、没有绝对平静的状态，2021 年 5 月 22 日玛多 7.4 级地震的发生也验证了这一观点。根据 1900—1955 年 7 级地震 3.5 年以上平静打破后强震活动特征分析认为，中国未来 3 年可能发生多次 7 级以上地震，最大震级可达 7.5 级。

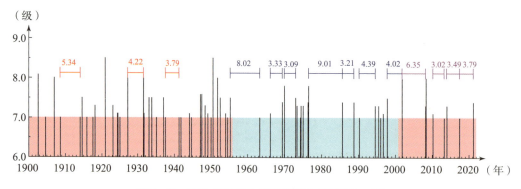

图 4 - 9　1900 年以来中国 7 级以上地震 $M - t$ 图

2019 年 4 月 24 日墨脱 6.3 级地震打破了 2017 年米林 6.9 级地震后中国 6 级地震 522 天的长期平静，以往中国 6 级地震 500 天以上平静打破后通常会进入 7 级地震活跃状态，5 年内可能发生多次 7 级以上地震（图 4 - 10），其中 50% 的次发 7 级地震距首发 7 级地震不超过 7.5 个月（图 4 - 11 和

图 4-12），因此玛多 7.4 级地震发生后，未来半年中国仍存在发生 7 级以上地震的可能。

6级地震超过500天平静天数/天	打破平静后3年内7级以上地震情况	打破平静后5年内7级以上地震情况
507	3次，最大7.5级	4次，最大7.5级
568	（中国为平静期）（蒙古发生8.3）	
531	2次，最大7.8	7次，最大7.8
554	4次，最大7.4	4次，最大7.4
756	3次，最大8.0	3次，最大8.0
566	2次，最大7.3	中国芦山、中国于田、尼泊尔

图 4-10　中国 6 级地震 500 天平静打破后，3 年、5 年内 7 级以上地震对应情况

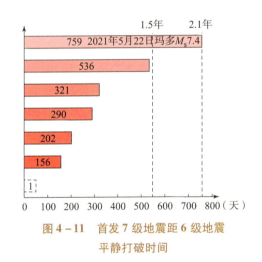

图 4-11　首发 7 级地震距 6 级地震平静打破时间

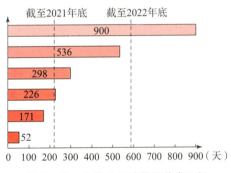

图 4-12　次发 7 级地震距首发 7 级地震时间

2. 巴颜喀拉块体边界和内部的强震活动趋势分析

1997 年以来中国大陆 7 级以上地震均发生在巴颜喀拉地块的边界或内部，从块体运动的角度，1997 年以来发生的地震震源机制是否与块体的运动特征一致？如果这一系列地震是由巴颜喀拉块体东—南东向运动增强所致，那么未来可能的危险地点在哪里？针对上述问题，基于 1999—2007 年、2009—2013 年、2013—2015 年、2015—2017 年、2017—2020 年五期的速度场结果，利用块体运动模型，分析巴颜喀拉地块运动及在边界带的动

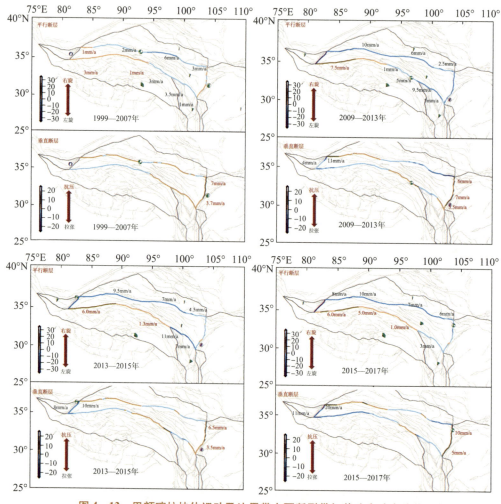

态响应特征。

上述动态演化结果表明，1997 年以来巴颜喀拉块体边界发生的一系列 7 级以上地震震源机制与块体边界的运动特征一致（除 1997 年玛尼地震），可能表明 1997 年以来巴颜喀拉块体东—南东向运动增强。南边界：走滑速率增大的过程中发生玉树地震；东边界：在挤压增强的过程中发生汶川地震、芦山地震、九寨沟地震；西边界：在拉张走滑增强的过程中发生于田地震；北边界：在一定的走滑速率背景下发生昆仑山口西地震。另外，东昆仑断裂东段、龙门山断裂南段运动速率持续增大，甘孜—玉树断裂运动速率最新一期增大，与 2010 年玉树地震震前类似，应注意这 3 条断裂发生强震的可能。

图 4-13　巴颜喀拉块体运动及边界带主要断裂带加载速率动态演化

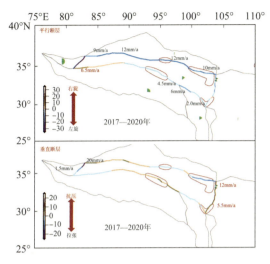

图4-13 巴颜喀拉块体运动及边界带主要断裂带加载速率动态演化（续）

（七）2021年5月22日玛多7.4级地震前的观测异常

现对玛多7.4级地震前短期阶段主要异常及开展的主要工作进行简要介绍。

玛多7.4级地震前青海省前兆台网共提取玉树水温、共和中层水温、共和逸出气氡、佐署水温、门源静水位5项异常，其时间进程图如图4-14所示。同时，自2020年12月24日玛多4.2级地震打破青海地区275天的4级平静后，2021年1—2月在青海中北部及邻近区域发生了6次3级以上地震，最大地震为2月6日茫崖4.2级地震，3—4月在唐古拉区域及青藏交界区域出现了一组4级以上中等地震活动，其中包括3月19日西藏比如6.1级地震、3月30日西藏双湖5.8级地震，其空间分布和时间进程如图4-15、图4-16所示。

在前兆异常核实方面，一是于2月4日派出人员赴门源落实门源静水位异常；二是3月10日派出人员赴共和落实中层水温、逸出气氡异常；三是3月10日派出人员落实佐署的动水位异常；四是玉树浅层水温在3月15日下午3时出现突降变化，并在3月16日开始逐步回返。最大降幅达0.002℃。3月19日上午视频会商跟中国地震台网中心就资料变化情况进行了沟通，并于3月21日—3月22日赴现场进行了异常核实。

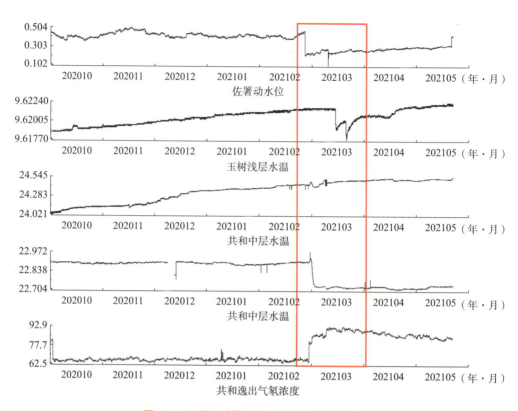

图 4-14 玛多地震前主要的异常时间曲线图

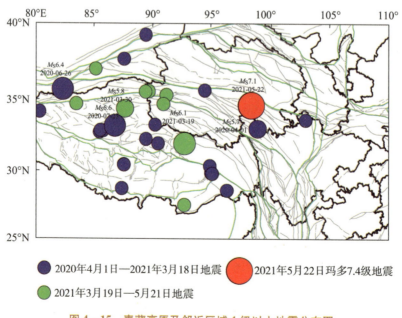

图 4-15 青藏高原及邻近区域 4 级以上地震分布图
（2020 年 3 月 24 日—2021 年 5 月 22 日）

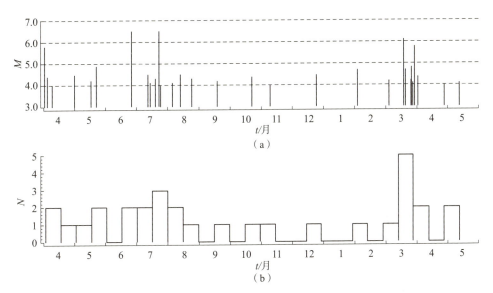

图4-16　青藏高原及邻近区域4级以上地震 $M-t$、频度图

（2020年3月24日—2021年5月21日）

（a）$M-t$图（2020年4月—2021年5月）；（b）频度图（2020年4月—2021年5月）

虽然在玛多7.4级地震前提取了系列前兆异常和活动性异常，在3月表现出前兆成组同步，但在这期间连续发生了3月19日西藏比如6.1级地震、3月30日西藏双湖5.8级地震，从地震活动性分析来说，已经达到活动成组的标准。我们很难将这些异常对应给这系列地震，抑或是对应后面的大震。

3月份的前兆异常测项除玉树水温之外，多数观测时间段较短，没有经历过大震，同时异常的环境干扰等信息也是不容忽视的。

青藏高原属高寒地区、昼夜温差大，对仪器的影响也非常大，仪器故障也非常频发。多数仪器3年或者5年就得更换配件等，导致的观测状态的变化会影响对异常的认识；同时，随着社会的快速发展，各类工程均如雨后春笋般的出现，这些人类的活动对仪器造成了巨大的干扰，这些干扰严重影响了我们对异常更加有效的识别。

第五章

青海玛多7.4级地震深部构造环境研究专题总结报告

一、工作概况

（一）目标与任务

利用地球物理观测资料，对震源区地下结构和深部构造环境进行成像研究，给出深部结构特征，分析地震发生的深部动力背景。

（二）工作团队

组长：常利军。

成员：鲁来玉、吴萍萍、许卫卫、陈波、唐方头、周晓峰、龚正、明跃红、潘佳铁、杨建思、郭慧丽、吕苗苗、王兴臣、石磊、李永华、姚志祥、张风雪、张瑞青、杨光亮（湖北省地震局）、曹学来、秦彤威、寇华东、黄臣宇、张友源。

二、现场工作

2021年5月28日，地震深部构造环境研究组一行9人携带150套短周期地震仪从北京出发，在5月31日到达玛多地震现场。6月1—5日，现场工作组科考组在玛多7.4级地震震源区开展了野外踏勘和仪器布设工作，并于6月5日完成了150套地震仪的布设。在观测1个月后，于7月3—6日完成所有台站的回收。7月10日将仪器运送到北京白家疃国家地球观象台，7月11—15日完成数据提取和格式转换。图5-1所示为现场工作照，本次地震科考现场在海拔4200～4500m的高原上，队员们克服了高原缺氧、严寒等困难，顺利完成野外任务。

图5-1　野外现场工作照

三、数据获取情况

　　短周期密集台阵点位主要分布在两条垂直主断裂的近南北向剖面上，其中西边纵向测线命名为MA，东边纵向测线命名为MB，其他测点在面上随机分布命名为MS。跨断层台站点间距为0.5~1km，剖面两端点间距为1~2km，且在平行主断裂近南北向的剖面上也有一些点位稀疏分布，台站的点间距为3~5km。此次观测，其中2台仪器发生故障，共获取148个台站1个月的有效连续记录。

四、研究分析成果和新认识、新发现

（一）宽频带地震观测研究初步结果

　　研究组基于震源区及周边的宽频带地震台站记录，对其深部结构进行了初步分析。由于距玛多 7.4 级地震震源区 100km 范围内只有一个固定地震台站，故对震源区深部结构成像的分辨率较低。尽管成像结果分辨率较低，但也显示出一些特征，利用近、远震联合成像获得的青藏东北缘地区的体波速度分布图像显示，青海玛多 7.4 级地震发生在高、低速异常相间的地区。地震震中西南方向以下深度为高速异常层，东北方向上方为低速异常层；采用双差层析成像方法对近震走时数据进行反演得到的三维 P 波、S 波速度结构结果显示，玛多 7.4 级地震分布在昆仑断裂带以南松潘—甘孜地块内，该地震震源区均处于 P 波、S 波低速层边界。震源区下方的壳内低速层可能处于部分熔融或易于蠕变的状态，脆性上地壳更容易积累应变能，从而导致地震的发生；利用接收函数方法，通过 CCP 叠加成像获取的玛多震源区地壳结构显示震源区

西北侧地壳厚度约为 55km，东南侧约为 60km，震源区两侧地壳结构存在明显差异。两侧地壳结构差异导致其两侧地壳积累应变存在差异，可能是引起玛多地震的原因。

（二）短周期密集台阵观测研究初步结果

1. 数据质量分析

　　此次观测共获取了 148 个台站 1 个月的有效连续记录。经过预处理，按天将记录转换为 Sac 格式。为了检验数据记录质量，尤其是时间同步情况，对数据的时间同步性进行了统计计算，图 5 - 2 所示为计算结果，从图中可以发现获取的地震数据大部分时间延迟在 0.08s 以内，说明获取的地震数据的可靠性。

　　为进一步检验数据质量，选取了记录期间的地震事件，从 148 个台站中截取地震波形，对比台站间的波形记录和 P 波到时情况，分析不同台站的波形数据质量和观测记录事件的同步性。图 5 - 3 所示为 2021 年 6 月 23 日发生在距离台阵位置约 70km $M_S3.0$ 地震的地震记录，图中实线是计算的

理论到时。从图中可以发现，除了极个别的台站的记录外，绝大多数台站的记录具有良好的时间同步性，波形记录清晰，这也说明本次观测获取地震数据质量可信度高。

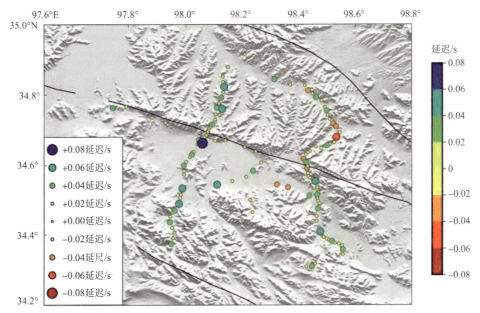

图 5-2　地震台数据时间同步性检测

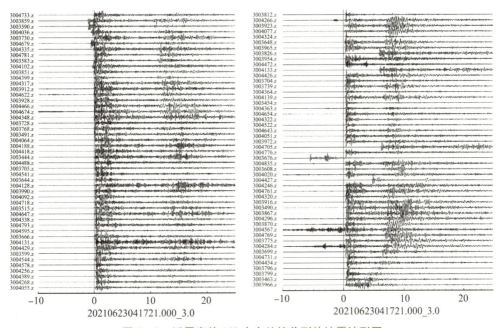

图 5-3　近震事件 148 个台站接收到的地震波形图

地震事件信息：2021 年 6 月 23 日；34.81°N，97.51°E；9km；$M_S 3.0$。

2. 基于地震背景噪声干涉提取速度剖面

对玛多密集台阵的连续记录进行了互相关计算，完成了部分计算和处理工作。图5-4所示为沿台阵西线MA测线分布的台站间的互相关函数，纵坐标为台站间距，带通滤波范围为1~7Hz，可以发现，与通常的大尺度台阵提取的互相关函数相比，虽然整体信噪比不低，但很难从时域波形中识别出清晰的（面波或可能的）体波震相，这可能和台阵下方复杂的地质结构相关。进一步采用数据处理方法，对图5-4的互相关函数进行了处理，得到图5-5所示不同到时窗口的面波频散图像。与原始的互相关函数相比，得到了清晰的3个不同到时的频散波列，这可能对应了不同模式面波的传播。台阵数据的复杂性，一方面为利用传统成像进行方法的处理带来了困难；另一方面，高模式面波的发育提供了用于研发新的成像方法的机会，对台阵下方结构的高分辨成像提供了基础。

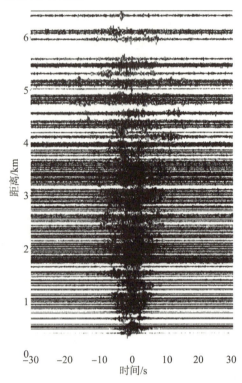

图5-4 1~7Hz 带通滤波后的台站间互相关函数，台站沿台阵 MA 测线分布

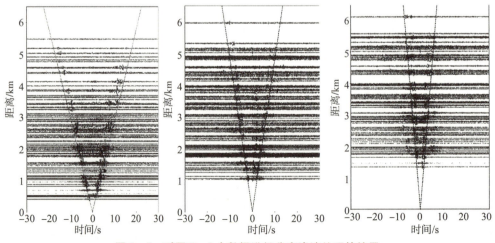

图5-5 对图5-4中数据进行分离滤波处理的结果

基于两条测线的背景噪声互相关函数，通过提取沿测线台站间的群速度频散曲线，反演了测线下方的 S 波速度结构。图 5-6 所示为典型的利用台站间的互相关函数提取群速度频散曲线的示意图，频散曲线提取周期为 0.2 ~ 1.0s，群速度主要在 0.25 ~ 0.35km/s。经过频散曲线提取，共获取 MA 测线 170 条左右的台站对频散，MB 测线 100 条左右的台站对频散。分别对每个台站对的频散数据进行一维反演，然后通过插值获取二维剖面速度结构。图 5-7（a）为典型台站对的反演初始模型和反演结果模型，图 5-7（b）反演结果的正演曲线与实测数据的拟合曲线。

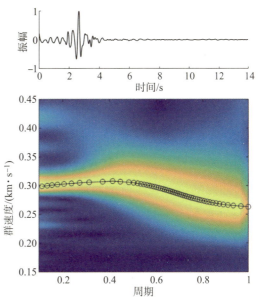

图 5-6　典型台站对的群速度
频散曲线提取示意图

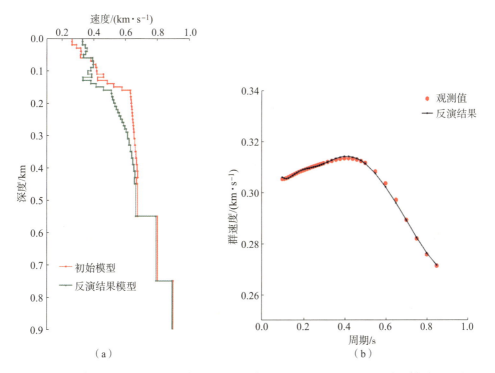

（a）

（b）

图 5-7　面波频散数据核函数分布和一维反演初始模型（红线）和反演结果模型（绿线）

基于两条测线的背景噪声互相关函数，通过提取沿测线台站间的群速度频散曲线，反演了测线下方的S波速度结构，获得了MA和MB两条测线的剖面。图5-8所示为测线MA的S波速度剖面；图5-9所示为测线MB的S波速度剖面。将研究区的地质图旋转到跟测线一个方位上，分别将测点的位置和地质图对应，图5-8（a）和图5-9（a）分别为MA和MB的地质图，左边为北。玛多—甘德断裂地震主断裂（F0）分别对应于MA的MA15～MA26测点和MB线的MB20～MB30，从速度剖面图可以明显地看出测点下方的速度存在串珠状物性异常，物性分布不均匀。在MA剖面图中除了主断裂带，还发现了其他4个断裂，在物性上都有明显的反应，图5-8（a）中F1表现的物性非均匀性与F0相似，可能意味着在浅部这两条断裂的破坏程度相似。F2位置出现了物性等值线下凹现象，考虑到F2位于F0南边不到5km处，地质图上并没有显示F2，产生这个现象可能是主断裂F0活动对周边物性的影响。F3和F4虽然地表地质图有明显的断层分布，但是物性分布比较均匀，可能暗示这两条断裂比较稳定的特征。图5-9中，对应地质图，除了主断裂F0明显的物性异常之外，还有F4处出现物性的异常，表现为近垂直侵入的高速异常，这可能暗示断裂浅地表的破坏比较大。在F1和F2对应的地质图和浅层物性也表现了断层的异常特征。

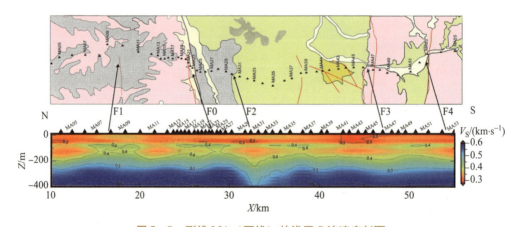

图5-8 测线MA（西线）的浅层S波速度剖面

图中，（a）为MA（西线）剖面对应的地质图，为与速度剖面对应，经过旋转，左边为北（N），右边为南（S）；（b）为MA（西线）剖面的浅层速度剖面。

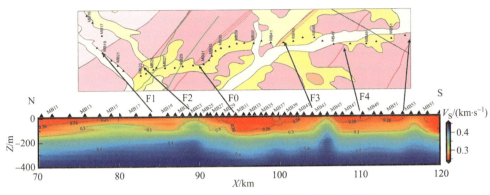

图 5 - 9　测线 MB（东线）的浅层 S 波速度剖面

图中，（a）为 MB（东线）剖面对应的地质图，为与速度剖面对应，经过旋转，左边为北（N），右边为南（S）；（b）为 MB（东线）剖面的浅层速度剖面。

3. 基于机器学习的高分辨率地震目录构建

高分辨率地震目录有助于描绘断层的精细结构。传统的方法主要依赖于人工拾取，时间成本需求很大，而且受人为因素影响大。如何在短时间内，从连续波形中高效率、高精度地识别地震震相，对玛多 7.4 级地震的余震序列进行精定位研究，有助于理解地震的发震构造并对地震危险性进行判断。基于机器学习方法拾取震相，在效率和精度上都表现出明显的优势。因此，将机器学习算法应用于玛多地震科学考察的地震数据中，基于 PhaseNet 程序包实现了地震 P 波、S 波震相的自动拾取，经过 REAL 程序的匹配、VELES 绝对定位和 HYPODD 双差定位构建了研究区域内高精度地震目录，通过地震三维分布，探究地震分布规律和深部断层形态，为地震危险区域的判定提供理论依据。

基于高精度地震目录流程 Loc - Flow，先后对原始连续地震波形进行如下处理。

第 1 步：基于 PhaseNet 深度学习算法拾取 P/S 震相到时；

第 2 步：利用 REAL 震相关联，实现初步的地震定位；

第 3 步：采用 HypoInverse 和 VEL-EST 绝对定位方法获取绝对定位地震目录；

第 4 步：利用 HypoDD 相对定位方法，获取相对定位地震目录；

第 5 步：利用波形互相关 Grow Clust 算法获取精定位结果。

基于上述处理流程获得的玛多 7.4 级地震后的高分辨率地震目录，进一步统计和分析了地震序列的时间、空间分布特征，揭示了玛多 7.4 级地震发震断层的精细结构。

图 5-10 所示为中国地震台网中心提供的玛多 7.4 地震发生后 43 天（5 月 22 日—7 月 3 日）的地震目录中地震事件随时间的分布图，图 5-10（b）~（d）所示为根据不同定位方法构建的地震目录中地震事件随时间（6 月 5 日—7 月 3 日）的分布图。尽管不同方法得到的地震目录中的地震事件的总数不一样，绝对定位 HypoInverse 和相对定位 HypoDD、GrowClust 方法获得的定位结果随时间的变化特征相似。从图中可以发现，随着时间的推移，余震发生频次总体呈现降低趋势，并伴有几次波动起伏，说明玛多 7.4 级地震震源区域的地震活动性在玛多 7.4 级主震之后逐渐减弱，后期趋于平稳。在此期间发生了 3 次 3 级以上地震，分别在 6 月 12 日、6 月 17 日及 6 月 25 日，可以看到图中的几次波动起伏可能与这些地震有关。

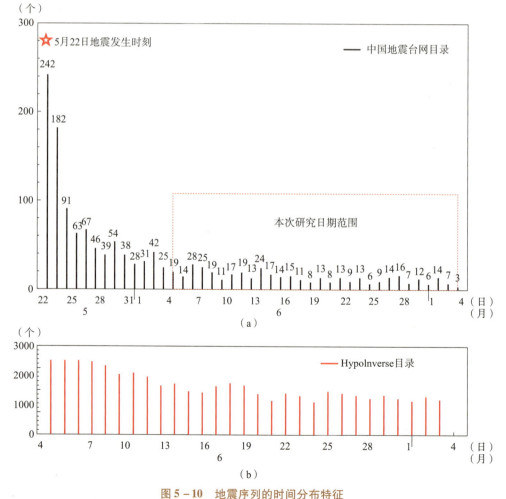

图 5-10　地震序列的时间分布特征
（a）2021 年 5 月 22 日—7 月 3 日的中国地震台网目录；（b）6 月 5 日—7 月 3 日的 HypoInverse 目录

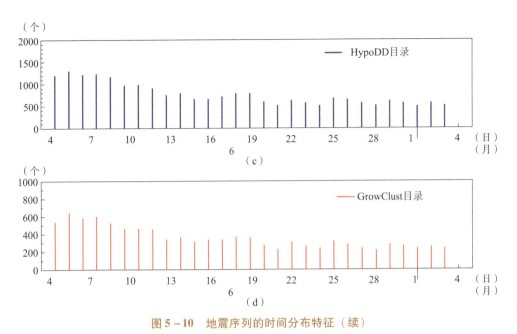

图 5 - 10　地震序列的时间分布特征（续）

(c) 6月5日—7月3日的HypoDD目录；(d) 6月5日—7月3日的GrowClust目录

本章统计了地震数目在水平方向和深度方向上的变化（图 5 - 11）。绝对定位和相对定位结果相似，均显示了明显的分段特征。地震数目的峰值分别出现在断裂带的东段、西段和中段，表明东段的地震发生频次最多，地震活动性最强，西段地震活动性次之，中段地震活动性明显减弱。深度统计图（图 5 - 11 (c)~(i)）显示，发震深度主要集中在 2~15km，其中 8~12km 深度的地震数目最多，其次是 2~5km，深度在 15km 以下的地震较少。

图 5 - 12 (a) 为 GrowClust 精定位结果沿着破裂带每隔 2km 统计地震频次柱状图，坐标 0 为 5 月 22 日玛多7.4级主震在断裂带上的投影，横坐标的距离表示在测线上距离玛多地震位置的距离。从结果可以更清楚地看出，破裂带东段地震发生频次最多，其次是最西段，中间段的地震频次明显减弱降低。以 0 为中心点分别向左右每隔 20km 统计地震发生频次随深度变化特征（图 5 - 12 (c) 和 (f)）。图中显示 0 点往东距离 0~20km 范围内发震深度集中在 8~12km，地震频次最高。在 0 点往西 20km 范围内地震发生的频次有一个断崖式的减少，发震深度变浅，集中在 2~5km。0 点往西 40km 以外区域发震深度变深，主要集中在 8~14km 深度。

为了更精细地刻画和描述发震断

层的三维空间分布形态，本章绘制了沿断层走向的剖面（Y1－0－Y2 剖面；图5－13（b））和垂直于断层走向的剖面（A－L 剖面；图5－13（c）），将剖面两侧约3km 宽的地震事件投影在对应剖面上。从图5－13 中可以发现地震序列主要沿地表破裂的偏北一侧分布，且具有明显的分段性特征。结合前面的统计学结果，本章

将其分为3段。

（1）西段（Y1－0，即鄂陵湖南段）。该段地震序列走向为近东西向，与主断裂的北西西－南东东向有一定的拐角。地震活动性较强，穿过该段的 AA′和 BB′剖面，显示浅部的地震近垂直分布，但稍有南倾，在8km 以下深度有个向北倾向。该段的地震集中分布在 8～12km 深度上。

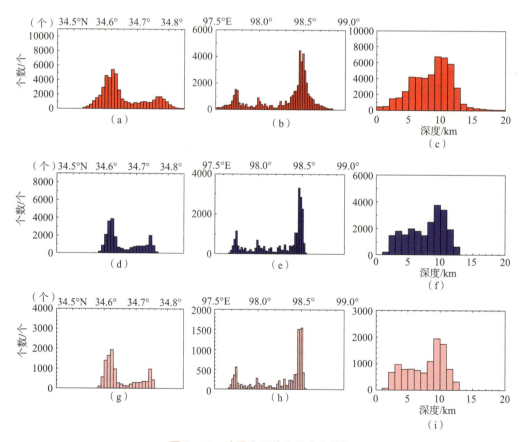

图5－11　地震序列的空间分布特征

（a）～（c）HypoInverse 目录沿纬度方向、经度方向及深度方向的统计图；（d）～（e）HypoDD 目录沿纬度方向、经度方向及深度方向的统计图；（g）～（i）GrowClust 目录沿纬度方向、经度方向及深度方向的统计图

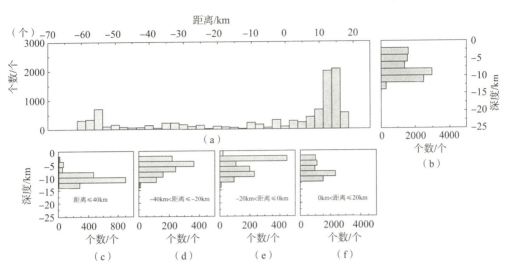

图 5 – 12　地震深度随空间分布的特征

（a）沿着断裂带每隔 2km 统计地震发生个数，坐标 0 为玛多地震在断裂带上的投影；（b）区域内所有地震数量随深度变化统计图；（c）~（f）沿断裂带每隔 20km 统计地震数量随深度变化统计图

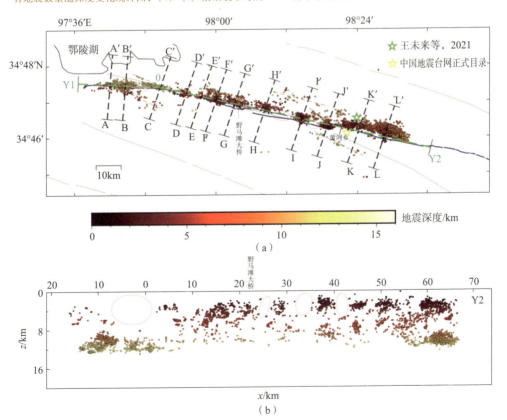

图 5 – 13　GrowClust 精定位目录的震中分布及剖面图

（a）震中分布平面图及剖面位置；（b）地震震中沿断裂走向（Y1 – 0 – Y2 剖面）的投影

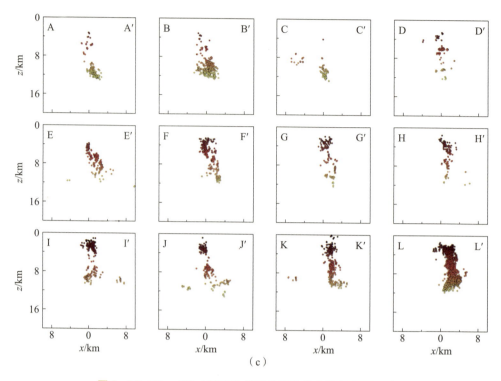

图 5 – 13　GrowClust 精定位目录的震中分布及剖面图（续）

（c）地震震中沿垂直于断裂方向（A – A′~L – L′剖面）的投影

（2）中间段，即鄂陵湖至黄河乡。该段的地震数目较少，地震活动性远低于东西两段。以野马滩大桥为界，西边的地震序列比较离散且地震分布范围较宽，东边的地震序列连续性较差，存在小的地震空区或稀疏区。在野马滩大桥至黄河乡（HH′剖面至JJ′剖面）的地震序列有一偏向北侧的圆弧形延展，在黄河乡南侧可见一条南东向的地震序列。该段的地震深度较浅，野马滩大桥以东的发震优势层为2~5km。

（3）东段（主震向东）。该段的地震活动性最强，定位的地震数目远多于其他段。地震序列表现为一个向北的弧状凸起，表明此处有一个复杂的从北西西到北北西的转向。CC′和DD′剖面近垂直分布。穿过中间段和东段的剖面（EE′至LL′）显示地震分布在深度上整体向北东倾斜，但在深部8km以下转为南倾。

垂直于走向的剖面显示总体上地震序列近乎垂直分布，符合断层左旋走滑的特征。不同分段上地震分布的几何形态有着一定的差异性和复杂性，表明发震破裂面并非一个均匀的平面结构，浅部与深部的破裂存在差异。

我们利用短周期台阵数据，基于深度学习拾取到时、震相关联地震以及多种地震定位算法构建了玛多7.4级地震之后的第14~43天的绝对定位地震目录和高分辨率地震目录，结果显示地震序列整体上沿着地表破裂带的偏北一侧呈现条带状展布，走向为北西西－南东东，发震深度主要在15km以内。

（1）随着震后时间的推移，震源区的地震活动性逐渐减弱并在玛多7.4级地震发生一个月后趋于平稳，但是相比玛多7.4级地震前，地震活动性明显增加。

（2）精定位地震序列显示出明显的分段性：西段（即鄂陵湖南）走向接近于东西向，与整体走向呈现一定拐角，地震活动性较强；中间段（即鄂陵湖南至黄河乡）地震活动性较弱，野马滩大桥西边地震分布较宽且连续，野马滩大桥东边的地震不连续，存在小的地震空区或稀疏区；东段（主震向东）有一个向北凸起的弧度，地震活动性最强。

（3）地震序列总体向北倾斜，但不同分段在不同深度上的倾斜形态存在差异：西段断层倾向为近垂直，发震优势层为8~12km；中段和东段的地震序列总体向北倾斜，但在深度10km左右转变为向南倾，显示了发震破裂面并非单一的平面结构，具有复杂的空间结构和形态。

4. 玛多7.4级地震震源区震源机制解和发震构造

精确的震源机制解和区域应力场有助于判定发震构造和探究地震的孕震机制。本章基于玛多7.4级地震科考获取的高质量波形数据，采用CAP方法反演得到了玛多7.4级地震震源区15次中小型余震的震源机制解，并进一步获取了震源区的构造应力场信息，并综合高精度的地震定位结果和深部速度结构进行讨论，对确定玛多7.4级地震深部发震构造形态和分析孕震机制有重要意义。

本章基于机器学习和重定位所构建的高精度的地震目录截取相应的地震事件，并从中筛选了P波初动清晰、信噪比较高、方位角和震中距覆盖尽可能较好的地震事件。采用CAP方法反演了15次中小型余震的震源机制解。在获取了15次余震的震源机制解之后，采用应力和断层面方向联合迭代反演算法，反演了玛多7.4级地震震源区的构造应力场。根据震源机制解节面的走向、倾角和滑动角计算断层法向矢量和滑动矢量，并在这两个矢量方向上加入标准偏差为10°的随机噪声，经过200次迭代，获取中小型余震所揭示的玛多7.4级地震震

源区的构造应力场分布。

　　沿着破裂带自西向东，震源机制解和余震序列（图1－10）的性质出现明显的分段性。在西段，余震分布主要沿着地表破裂带呈近东西向，震源机制解大多为走滑型，只有1次逆断型；在中段，主震西侧的黄河乡附近，两次余震的震源机制解类型与主震不同，表现为逆断型，且该处地表破裂带表现为分段不连续分布；在东段，两次余震的震源机制解类型相近，但与主震存在差异，P轴和T轴的方位也有所不同。

　　为进一步探究玛多7.4级地震震源区的构造应力状态，本章对上述反演所得的中小型余震的震源机制解进行了断层面方向和应力的联合反演。如图5－14所示，震源区最大水平主压应力轴的方位为52°（北东东），倾伏角为12°；中间压应力轴的方位为261°（南西西），倾伏角为76°；最小主压应力轴的方位为144°（南东），

倾伏角为7°。反演得到的3个主应力轴的应力形因子R为0.85，接近1.0，表明研究区域的压应力轴相对稳定（黄骥超等，2016）。P轴的优势方位为北东东－南西西，其倾伏角小于30°，说明本章的余震序列所反映的玛多地震震源区仍然主要受到北东东向近水平挤压应力场的控制。这与巴颜喀拉块体持续受到印度板块向欧亚板块俯冲挤压的构造应力的影响，使其水平最大主压应力总体为东西向有着较好的一致性。不同类型的余震序列反映了玛多地震震源区震后的应力场特征，对比徐志国等（2021）和赵韬等（2021）中强型余震的震源机制解结果可知，玛多地震震源区在不同时间段内应力状态总体上保持一致，受到北东东向近水平挤压应力场的控制，但主震西侧及江错断裂东段的应力状态随时间变化较大，尤其是江错断裂东段应力明显增强，余震活动频繁。

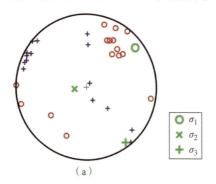

（a）

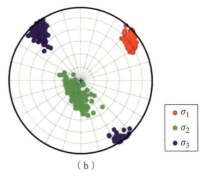

（b）

图5－14　余震序列应力场反演结果

（a）P/T轴分布图；（b）主应力轴置信图

综合其他地球物理场特征对本次玛多地震的余震序列进行了分析，获得了以下认识。

（1）15次中小型余震的震源机制解显示，余震序列大多为走滑型，与主震震源机制解较一致，在地表破裂带发生转向及不连续处局部出现逆冲型。余震震源机制所揭示的断层的走向大致与地表破裂带平行呈北西西向，断层的倾角整体较大，且在断层不同位置具有分段性差异，反映出震源区构造形态的复杂性。余震震源机制解所揭示的 P 轴优势方位为北东东－南西西向，倾伏角为12°，表明相应时间段内的余震序列活动仍然主要受到与区域构造应力场方向基本一致的北东东向近水平应力场的控制。

（2）玛多7.4级地震的发生与该地区分层且非均匀的上地壳结构、中下地壳软弱物质的挤压和上涌密切相关。与主震相比，中小型余震的孕震机制更为复杂，在区域构造应力场的控制下，同时受到震后应力的调整、局部速度结构复杂性及多断层相互作用的综合影响。此次玛多7.4级地震的发生说明巴颜喀拉块体的活动性仍然较强，未来的强震活动性及地震危险性仍值得关注。

5. 玛多7.4级地震震源区上地壳三维精细速度结构研究

为了探究玛多7.4级地震震源区深部物性结构及其孕震环境，本章基于玛多7.4级地震密集台阵的150个台站记录的数据获取的高精度的地震目录，进一步挑选P波走时数据，采用双差走时成像法，获取此次地震震源源区上地壳三维P波速度结构。结合研究区已有的地质地球物理资料，探讨研究区深部速度结构与地震活动性之间的关系，研究成果可为探究玛多7.4级地震深部孕震环境及其动力学过程提供更为精细的深部地球物理学证据。

P波走时数据是基于机器学习获取的体波震相走时和HypoDD精定位后的地震目录进一步筛选获取的。玛多7.4级地震的余震主要沿着昆仑山口—江错断裂分布，地震活动性强，地震科考布设的地震台站沿着发震断层密集布设，在玛多高原区域大多为无人区，环境干扰小，地震台阵接收的地震数据质量高。基于机器学习震相识别和精定位获取的高精度地震目录，进一步筛选地震事件和P波走时数据，开展近震P波双差走时成像，获取了此次地震震源源区及邻区高精度三维上地壳P波速度结构。从不同深度的水平切片图（图5-15）可以看出，断裂带及其周边的物性分布不均匀，呈现高低速相间的现象，地震主要发生在高低速异常交界处。从图

中可以发现，速度结构在水平切片图上表现出明显的分段性。断裂带（F2）西端（即鄂陵湖南段区域）的北部区域出现了延伸十几千米的高速异常，随着深度增加，在该段的南边出现低速区。

跨过江错断裂的两条地震测线之间，即野马滩大桥到黄河乡之间段，在0、2.0km、4.0km和6.0km深度上，该段断裂带以北约20km以内为高速异常区域，20km以外为低速区。随着深度增加，在8～10km范围，该段南边逐渐变为高速区域，北边出现低速异常区。

玛多7.4级地震震源源区往东约20km开外出现规模较大的高速异常，深度从浅部延伸到十几千米，异常规模相比鄂陵湖南段北边的高速异常区域大。而在20km以里的区域出现明显的低速构造区，随深度增加低速规模逐渐增大。

沿断裂带的YY′垂直剖面可以发现在黄河乡（HHX）到野马滩大桥（YMTDQ）在4km深度以下区域出现低速构造区，该低速区与深部的低速层连成一片。在鄂陵湖南段、玛多地震往东20km以外区域和野马滩大桥周边4km深度以内区域都表现出高速特征。从图5–15（b）地震统计图中可以发现，地震发生频次出现3个峰

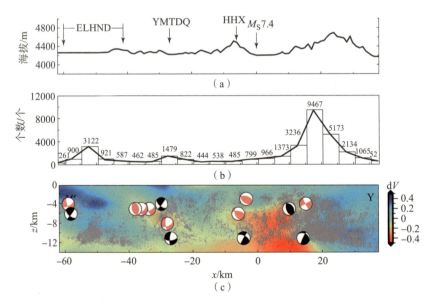

(a)

(b)

(c)

图5–15 沿着发震断裂带YY′剖面的速度切片图

图中，ELHND为鄂陵湖南段；YMTDQ为野马滩大桥；HHX为黄河乡；$M_S7.4$为玛多7.4级地震在该剖面的投影。灰色点为HypoDD精定位后获取的地震目录；（b）中红色曲线为地震统计个数曲线；（c）为震源机制解。

值，这3个峰值分别对应着3个高速异常区域，野马滩大桥附近的地震频次峰值最小。震源机制结果在剖面上的投影位置主要位于高低速交界处，图中显示除了有左旋走滑性质的地震，还在一些局部速度异常区存在挤压型地震。

近垂直于断裂带的8个剖面参见图1-12（分别对应图中 AA′、BB′、CC′、DD′、EE′、FF′、GG′、HH′ 剖面的位置），图中坐标0点为每个剖面与地表破裂的交点。在震源以西的5个剖面（AA′、BB′、CC′、DD′、EE′）可以发现，在断裂带附近出现明显的速度非均匀性，断裂带以南表现为低速特征，以北区域浅部出现高速异常区域，且这个高速异常区域有向北倾的趋势。地震发生位置主要位于高低速交界、偏向高速区域。从对应剖面的震源机制结果也可以发现在高低速交界处的发震机制复杂，除了发震断裂左旋走滑的性质的地震之外，挤压型地震也在物性变化大的区域。在玛多震源以东的3个剖面（FF′、GG′、HH′）在破裂带正下方（0点坐标下方）约4km深度存在局部的低速区，低速区一直延伸到十几千米，低速体两侧表现为高速特征。

综上所述，基于机器学习震相识别和精定位获取的高精度地震目录、

进一步筛选地震事件和P波走时数据，开展近震P波双差走时成像，获取了玛多地震源区及邻区高精度三维上地壳P波速度结构，初步获得以下认识和结论：

（1）玛多7.4级地震发震断层江错断裂周边存在明显的速度非均匀性和分段性。

（2）鄂陵湖南段地表破裂带与发震主断裂存在一定夹角，地震主要集中在破裂带附近，速度图像显示该破裂带北部存在规模较大的高速异常，南边表现为低速特征，说明该区域可能受到北边高速体的阻挡作用，导致应力在南边释放。

（3）野马滩大桥到黄河乡段断裂北部速度表现为高速异常，高速体呈现向北倾斜特征。该段的地震发生频次明显降低，发震深度主要在6.0km以内，深部速度结构显示该区域在深度6km以下存在低速异常，可能该区域受到深部低速体/层的阻隔，应力在浅部减弱，地震活动性相对较弱。

（4）玛多7.4级地震向东约20km处存在规模大高、低速分界带，20km以外表现为规模大的高速异常，20km以里出现近垂直延伸的局部低速异常，该段地震频次最高，说明该区域可能受到东部高速异常体和局部低速构造体的影响下，形成大规模的应力

积累，在玛多地震之后，应力释放，地震活动性强。

6. 玛多7.4级地震震源区横波分裂变化特征

地震各向异性是指地震波穿过各向异性介质时，波的传播速度、偏振方向和其他特性会随传播方向的改变而发生变化。一般认为，微裂隙在区域应力场作用下的定向排列是产生中上地壳地震各向异性的主要原因，其形状与排列方式决定了中上地壳介质中的各向异性特征。横波在各向异性介质中传播时会发生分裂现象，产生一对正交且传播速度不同的快、慢波。在上地壳近震横波分裂研究中，通过横波分裂分析测量所得的各向异性参数为快波偏振方向和慢波延迟时间，它们所表征的各向异性特征与区域地壳应力场和构造活动特征密切相关，区域构造断裂的分布和走向，地质结构的活跃性，区域应力场等因素都会影响到相应区域上地壳各向异性的特征，特别是强震发生前后，震源区的应力调整造成的上地壳微裂隙定向排列的趋向性及其程度的变化会造成上地壳各向异性特征在时间和空间上的变化。因此，通过强震震源区近震横波分裂可以分析震源区上地壳各向异性时空特征和应力场状态，结合震源区深部结构和地质构造特征进一

步讨论与强震孕育有关的深部动力环境。本章基于玛多密集台阵所记录的丰富的余震序列波形数据提取的近震横波分裂参数，分析了震源区上地壳各向异性特征与区域构造特征和应力环境相关性，进一步探讨了此次强震的深部孕震动力过程。

基于玛多7.4级地震科考流动台阵记录的余震序列波形数据，按照横波分裂分析测量的要求进行严格筛选，开展了横波分裂测量。在146个台站得到了有效分裂结果，并最终得到了共计22518对有效事件波形记录的横波分裂参数结果。此外，从距主震半径100km范围内唯一的固定台站MAD地震台跨主震9个月的近震波形记录中获得了14对有效的横波分裂结果。图1-13和图1-14给出了各台站横波分裂参数的统计分布图。

图1-13给出了震源区各台站横波分裂参数的平均结果和不同区块内快波偏振方向的等面积投影玫瑰图。从图中可以看出，不同区块内快波偏振方向的等面积投影玫瑰图（黑色）显示各区块内快波偏振优势方向突出，同时各区块之间的快波偏振优势方向存在着差异。沿主破裂带余震密集区划分为3个区块，即主破裂带西段（WR）、中段（MR）和东段

（ER），自西向东，区块 WR 的快波偏振优势方向为近东西向，区块 MR 和 ER 的快波偏振优势方向为北西西向，但区块 ER 相较于 MR 的快波偏振优势方向数值较小，趋向水平；西测线 MA 自北向南的 3 个区块（A1、MR 和 A2）的快波偏振优势方向基本一致，整体为北西西向；图中红色玫瑰图显示，震源区快波偏振方向为北西西向；东测线 MB 各区块的快波偏振优势方向变化较大，自北向南，区块 B1 为北西向，ER 为北西西向，B2 为北东东向，B3 为北西西向，并且临近主破裂带两侧区块 B1 和 B2 的快波偏振方向由远及近都趋向于向主破裂带的快波偏振方向聚拢的特征；主破裂中段两侧的区块 S1 和 S2 的快波偏振优势方向分别为北西西向和北东东向，其中区块 S1 内的台站基本沿玛多—甘德断裂分布，区块 S2 内的台站分布在主破裂带和甘德南缘断裂的中间。图 1-13 中左下角红色玫瑰图为研究区所有台站得到的快波偏振方向的等面积投影玫瑰图，震源区整体上快波偏振优势方向为北西西向，与区域构造走向和余震序列分布一致。

图 1-14 给出了震源区各台站的慢波延迟时间平均值的空间分布，以及对应的各个区块的慢波延迟时间平均值。图 1-14 显示震源区不同区域慢波延迟时间相差较大，沿主破裂余震密集区内的台站所得到的慢波延迟时间较大，整体平均值在 3.5ms·km^{-1} 以上，特别是区块 ER 内台站的慢波延迟时间最大，最大值可达 5.9ms·km^{-1}，整体平均值为 4.7ms·km^{-1}。主破裂两侧台站的慢波延迟时间随着台站与主破裂距离的增大而逐渐减少，到一定距离后绝大部分台站的慢波延迟时间小于 2ms·km^{-1}，变得基本稳定。

青藏高原受到印度板块向北持续推挤的背景下，巴颜喀拉块体受制于南北两侧刚性块体向东滑动，造成块体南北边界及内部发育大量左行走滑性质的断裂，走向以北西和北西西向为主。玛多 7.4 级地震发生在巴颜喀拉块体东北边界东昆仑断裂的次级断裂——江错断裂，此次地震是 21 世纪围绕巴颜喀拉块体边界带，继昆仑山 8.1 级地震（2001 年）和汶川 8.0 级地震（2008 年）之后发生的最大一次地震。此次地震的余震序列非常发育，笔者基于深度学习和玛多地震科考密集台阵数据构建了此次地震震源区高分辨率地震分布，整体上沿地表破裂呈现北西西向的条带状展布，集中分布于破裂带偏北一侧，发震深度主要集中在 2～15km。跨越玛多地区的人工深部地震探测剖面揭示了该区域的地壳结构特征，玛多地震震源区地壳厚度约为60km，上地壳底界埋深约为25km。因此，玛多地震余震主要发生在上地壳。由于基于玛多地震科考密集台阵获取的地震目录筛选的用于横波分裂有效近震事件的震源深度主要分布在6～15km，所以玛多地震余震序列横波分裂测量所得到的分裂结果反映了震源区上地壳各向异性的特征。

图1-13和图1-14给出了震源区上地壳各向异性快波偏振方向和慢波延迟时间的空间统计分布图，可以看出，快波偏振方向和慢波延迟时间分布具有明显的空间分区特征，特别是沿主破裂带显示出各向异性与地表破裂带和余震序列展布密切的相关性特征。

玛多7.4级地震主破裂带与余震序列展布呈现出明显的分段特征，根据其走向和展布特征自西向东可分为WR、MR和ER 3个区块，在各个区块内，各向异性快波偏振方向、破裂带走向和余震序列展布具有高度一致性。在主破裂带中段区块MR，地表破裂带与江错断裂重合，并且快波偏振方向和余震序列展布都与北西西向的破裂带和江错断裂走向一致；而在主破裂带的东西两段，地表破裂带并未继续沿江错断裂破裂，在西段区块

WR地表破裂带由北西西向转向近东西向，在东段区块ER地表破裂带并未沿北西向的江错断裂转向，而是在中部区块MR和东部区块ER之间发生错断和北移，继续保持北西西向的破裂，与此同时，东西两段的区块WR和ER的各向异性快波偏振方向也与主破裂带的地表破裂方向一致，在西段区块WR转向近东西向，在东段区块继续保持北西西向。基于玛多7.4级地震科考密集台阵数据反演了观测期内中小型余震的震源机制解结果，沿主破裂带主要以左行走滑型地震为主，但在主破裂带3个区块之间的两个分界处分别出现了一个逆冲型地震，揭示了主破裂带具有高倾角左旋走滑性质，且沿破裂带具有分段性差异，表明发震断层构造形态的复杂性。基于玛多地震科考台阵记录的近震P波走时数据反演得到了震源区三维精细速度结构，沿主破裂的速度剖面图显示3个区块之间的分界位于高速区域与低速区域交界处。图1-13和图1-15显示了快波偏振方向、地表破裂带、余震序列、震源机制解和三维精细速度结构具有一致的分段性和对应特征。

图1-14显示了震源区各向异性慢波延迟时间分布图，可以看出，最突出的特征是沿主破裂余震密集区内

的台站所得到的慢波延迟时间明显大于南北两侧余震密集区外台站的慢波延迟时间，且主破裂东段区块 ER 的慢波延迟时间明显大于中段区块 MR 和西段区块 WR 的值。沿主破裂余震密集区，整体上慢波延迟时间平均值在 3.5ms·km^{-1} 以上，特别是东段区块 ER 的慢波延迟时间表现突出，整体平均值为 4.7ms·km^{-1}，而离开主破裂余震密集区一定距离的绝大部分台站所得到的慢波延迟时间小于 2ms·km^{-1}，明显小于沿主破裂余震密集区的慢波延迟时间。从图 1-15（a）可以看出，东段区块 ER 的地震数量明显多于中段区块 MR 和西段区块 WR，对应了图中东段区块 ER 的慢波延迟时间明显大于中段区块 MR 和西段区块 WR 的特征，并且玛多地震主震也发生在东段区块 ER 内，鉴于上地壳各向异性慢波延迟时间对区域应力场的敏感性，说明玛多地震孕震过程中东段区块 ER 的应力积累大于中段区块 MR 和西段区块 WR。图 1-14 中沿主破裂的余震序列集中分布在地表破裂带的北侧。图 5-16 给出了震源区各台站慢波延迟时间随台站与主破裂带距离的分布，无论从整体面上分布特征，还是垂直并跨越主破裂的两条剖面西线 MA 和东线 MB 的分布特征，可以看出，主破裂带附近北侧的慢波延迟时间明显大于南侧，且主破裂南侧各台站平均慢波延迟时间随台站与主破裂距离增加而减小的速率大于北侧。玛多7.4级地震余震序列定位和震源机制结果显示发震断裂的断裂面陡峭且略向北倾。综合主破裂带附近区域北侧的慢波延迟时间大于南侧、余震序列集中分布在主破裂北侧和发震断裂的断裂面略向北倾的特征，说明玛多地震孕震过程中，主破裂北侧的应力积累强于南侧。

沿主破裂余震密集区外的两侧区域，主要包括西线 MA（区块 A1 和 A2）、东线 MB（区块 B1、B2 和 B3）和面上区块 S1 和 S2。由图 1-13 的快波偏振方向分布可以看出，对于西线 MA，北侧区块 A1 和南侧区块 A2 的快波偏振方向整体上为北西西向，与处于主破裂余震密集区的西线 MA 的中部区块 MR 的快波偏振方向一致，并与西线 MA 跨越的北西西走向且近似平行的玛多—甘德断裂、江错断裂、甘德南缘断裂和达日断裂基本平行；而对于东线 MB 各区块的快波偏振方向变化较大，以东线 MB 的中部区块 ER 为中心，与其相邻的北侧区块 B1 为北西向，南侧区块 B2 为北东东向，这两个区块的快波偏振方向都趋向于主破裂北西西向的破裂方向收

敛的特征，此外，与区块 ER 和 B2 相邻的区块 S2 的快波偏振方向也为北东东向，它和区块 B2 的快波偏振方向都未与相近的江错断裂和甘德南缘断裂平行，而是一起向主破裂的破裂方向收敛，这反映了包括主震在内的区块 ER 是这次玛多地震应力积累最强的区域，并且影响到相邻区块 B1、B2 和 S2 的各向异性特征。东线 MB 南段距主破裂较远的区块 B3 快波偏振方向为北西西向，与其跨越的甘德南缘断裂的走向北西西一致。对距主破裂较远且位于北侧的区块 S1 的快波偏振

方向为北西西，区块 S1 内的台站基本沿玛多—甘德断裂分布，其快波偏振方向玛多—甘德断裂走向一致。

由图 1-14 中震源区慢波延迟时间分布可以看出，主破裂余震密集区外两侧的慢波延迟时间相较于余震密集区内的慢波延迟时间明显变小，结合图 5-16 可知，主破裂余震密集区外两侧台站的慢波延迟时间随着台站与主破裂距离的增大而逐渐减少，到一定距离后，慢波延迟时间趋于稳定，绝大部分台站的慢波延迟时间小于 $2ms \cdot km^{-1}$。由图 1-14 和图 5-16

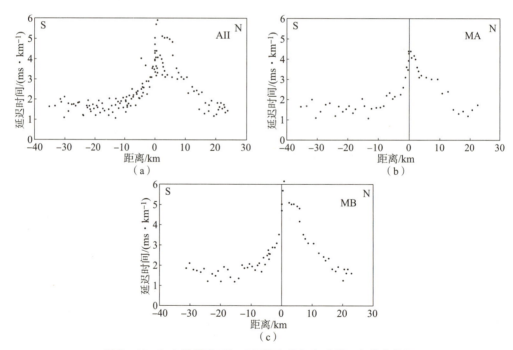

图 5-16　各台站慢波延迟时间随台站与主破裂距离的变化图

图中，（a）为震源区所有台站慢波延迟时间随台站与主破裂距离的变化图；（b）为 MA 测线各台站慢波延迟时间随台站与主破裂距离的变化图；（c）为 MB 测线各台站的慢波延迟时间随台站与主破裂距离的变化图；横坐标表示台站与主破裂之间的距离；以主破裂为零点，向南为负，向北为正。

可以看出，主破裂两侧台站的慢波延迟时间随着台站与主破裂距离的增大而逐渐减少，到一定距离后绝大部分台站的慢波延迟时间小于2ms·km^{-1}，变得基本稳定。这反映了玛多地震孕震过程中，应力积累主要集中在主破裂余震密集区，随着距主破裂距离的增大，这种应力积累效应逐渐减弱，到一定距离后，各向异性快波偏振方向和慢波时间延迟趋于稳定，受玛多地震的影响变得很弱。

图5-17给出了沿主破裂余震密集区3个区块（WR、MR和ER）和固定台站MAD的横波分裂参数随时间的变化趋势。从中可以看出，震后第12~43天，区块WR、MR和ER的快波偏振方向和慢波延迟时间两个各向异性参数都未表现出随时间的规律

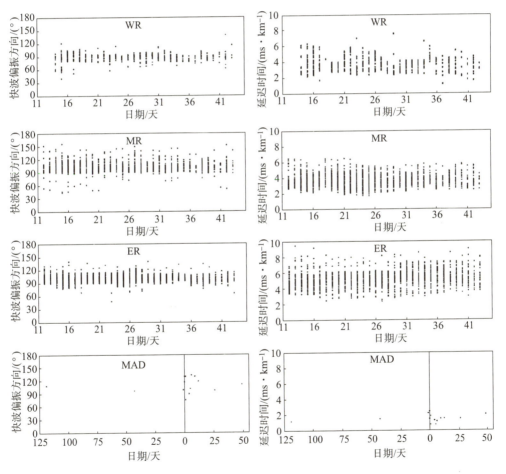

图5-17　横波分裂参数的随时间变化特征

图中，给出了沿主破裂余震密集区3个区块（WR、MR和ER）和固定台站MAD的横波分裂参数随时间的变化趋势。竖线标示了玛多7.4级地震，各图的横坐标以玛多7.4级地震发震的日期为零点，主震之后为正，主震之前为负。

性特征。一般强震发生后随着主震和余震能量的释放，震源区积累的应力也会逐步释放，相应横波分裂参数会发生规律性变化，特别是慢波时间延迟会逐渐变小的特征。在玛多7.4级地震震源区1个月的观测期内未能观测到横波分裂参数规律性的变化。台站MAD的记录跨越了主震前后，科考队员在震前的第119天、第43天和第1天获得了3对有效横波分裂参数，在震后两个月获得11对有效横波分裂参数。无论是震前还是震后，台站MAD的横波分裂参数未表现出随时间的规律性特征，并且其慢波延迟时间很小，只有1.6ms·km^{-1}，主要原因是台站MAD距离主破裂余震密集区较远，玛多地震孕震过程中应力积累和调整对其影响已经变得很弱。

之后，基于玛多地震科考密集台阵和固定台站MAD的近震波形数据测量得到的横波分裂参数，分析了震源区上地壳的各向异性变化特征，获得了如下认识。

（1）从地表破裂带走向、余震序列展布、中小型地震震源机制和上地壳三维精细结构结果来看，主破裂与余震序列展布具有一致性，且沿主破裂余震密集区具有明显的分段性，本章得到的快波偏振方向也表现出与主破裂和余震序列展布较好的一致性，

且自西向东也呈现出分段性特征。

（2）沿主破裂余震密集区的慢波延迟时间明显大于两侧，特别是包括主震和高密度余震分布的主破裂东段的慢波延迟时间最大，主破裂附近区域北侧的慢波延迟时间大于南侧，主破裂余震密集区外两侧台站的慢波延迟时间随着台站与主破裂距离的增大而逐渐减少，到一定距离后，变得基本稳定。

（3）余震密集区外，台阵东线MB以中部跨主破裂余震密集区ER为中心，北侧和南侧的快波偏振方向表现出趋向于主破裂收敛的特征，其他距主震和主破裂较远区域的快波偏振方向基本为北西西向，与其所在区块内的断裂走向一致。

（4）震源区上地壳各向异性空间展布反映了玛多7.4级地震孕育过程中，应力积累主要集中在沿主破裂余震密集区，且主破裂东段的应力积累要强于中段和西段，主破裂附近的应力积累北侧强于南侧，随着距主破裂距离的增加，应力积累效应减弱，到一定距离后变得很弱。

（5）震源区横波分裂参数未能呈现出随时间的变化特征，主要由于密集台阵在主震后第12天才开始布设并投入观测，这时主震和大部分强余震已经发生，并且中小地震的最高峰也

过去，观测期内余震频次趋于稳定，孕震过程中积累的应力尚未释放完全，应力释放和调整过程还将持续一段时间。

（6）尽管台站MAD的记录跨越了主震前后，但它的横波分裂参数也未表现出随时间的规律性变化特征，且其慢波延迟时间很小，反映了其距离主破裂余震密集区较远，玛多7.4级地震孕震过程中应力积累和调整对其影响很弱。

7. 玛多7.4级地震密集台阵观测和研究总结

玛多7.4级地震发生后，为了深入了解玛多地震的深部孕震环境，同时兼顾震源区的余震监测，中国地震局地球物理研究所迅速组织科考队携带150套短周期地震仪奔赴地震现场，在海拔4200~4500m的震源区布设了由150个短周期地震台组成的密集台阵，开展了为期1个月的观测，极大地提高了震源区（震前只有1个固定台站MAD）地震台站覆盖率，为开展相关地震学研究积累了丰富的观测数据。基于玛多科考密集台阵的观测数据，开展了噪声成像、地震精定位、高精度三维地震成像、震源机制和横波分裂等研究工作。结果显示，玛多

地震的余震序列主要沿地表破裂展布，且主破裂周边存在明显的速度非均匀性，沿主破裂余震密集区各向异性慢波延迟时间明显大于南北两侧；沿主破裂余震序列展布、上地壳各向异性快波偏振方向和地表破裂方向具有很好的一致性，且呈现出分段性特征，但它们与发震断裂——江错断裂的走向只有中段一致，在西段和东段不同。在3个分段的两个拐点附近，震源机制解结果表现出挤压型特征，且三维地震成像显示为高低速转换区。余震序列主要分布在沿主破裂北侧，慢波时间延迟也显示主破裂北侧大于南侧，速度结构（图5-18）显示主破裂北侧表现为高速异常，且高速异常体表现向北倾斜，南部为低速，余震序列揭示的断层几何形态同样表现出向北倾的特征；余震序列分布最密集的区域为包括主震在内的东段，该段也是震源区高速异常体规模最大和慢波延迟时间最大的区域。这些特征反映了玛多地震孕震过程中积累的应力主要集中在沿主破裂北侧的余震密集区，且受东部高速异常体阻挡，包括主震在内的东段是应力积累和地震活动最强的区域。

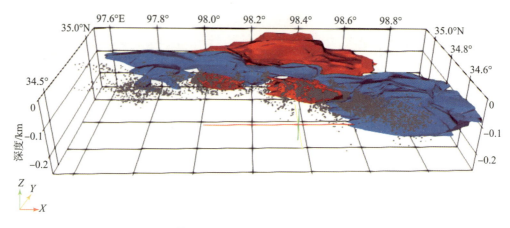

图 5 - 18   速度结构三维示意图

图中，蓝色为高速体；红色为低速体；灰色点为地震。

五、后续工作建议 ▶▶▶▶▶

短周期密集台阵具有布设方便、快捷的特点，可以获取震源区地下三维精细结构，但也具有一定的局限性，由于带宽较窄，可探测的深度有限，如果想要获取地表至上地幔整个岩石圈的结构特征，需要在震源区开展较长时期的宽频带流动地震观测，这样深浅结合的台阵观测和研究工作，对于深入分析震源区深部结构和孕震环境具有重要意义。

第六章

青海玛多 7.4 级地震地球物理和地球化学异常变化研究专题总结报告

一、工作概况

（一）目标与任务

基于震中及周边区域地球物理和地球化学流动观测资料，对震后地球物理和地球化学特征变化进行分析，给出深部流体运移特征，研判震后趋势。

（二）工作团队

地球物理和地球化学异常变化研究组由青海省地震局（简称"青海局"）、中国地震局地震预测研究所（简称"预测所"）等单位组成，由青海局冯丽丽、刘磊和预测所周晓成负

责。在野外地球化学采样及观测过程中，预测所董金元、李静超参与了大量工作。流动地磁观测由张朋涛、孙玺皓、胡维云等完成。

（三）科考实施过程

2021 年 5 月 22 日—7 月 31 日，科考队员陆续开展了流动地球化学采样、观测和流动地磁观测，并分析了震区样品与东昆仑断裂带周边地区样品化学组分的差异。对震前青海地区 10 项定点地球物理异常与 3 个区域电磁异常进行了梳理，分析其与玛多 7.4 级地震的关系。

二、现场工作

（一）流动地球化学

5 月 23 日—6 月 1 日，共考察震区喷砂冒水点 32 个，采集 21 份流体样本和 4 份砂土样本；6 月 2 日—7 月 1 日，共完成 20 条 CO_2 通量剖面

测量。

（二）流动地球物理

6 月 8 日—7 月 31 日，先后完成包括玛多地区在内的青海地区 58 个流动测点的地磁矢量观测任务。

三、数据获取情况 ▶▶▶▶▶

流动地球化学科考共采集震区及周边21份流体样本和4份砂土样本。如图6-1和图6-2所示，对21个流体样品的水化学组分和同位素组成进行了分析测定，每份样品获得13个离子浓度数据、26个微量元素数据以及2个同位素数据。对4份砂土样品的主量元素和微量元素含量进行分析，每份样品获得12个分析数据。以上共计909个分析数据。

CO_2通量野外测量小组完成了玛多地震地表破裂带附近12条及东昆仑断裂玛沁—玛曲段8条CO_2通量剖面测量。每条剖面包含22个通量测点。获得共计20条剖面440个测点的CO_2通量数据。

流动地磁共完成了包括玛多震区在内的58个流动地磁矢量观测工作。每个测点获得3个地磁场独立分量$F/D/I$绝对值，以上共计174个观测数据。

四、研究分析成果和新认识、新发现 ▶▶▶▶▶

（一）地球化学样品分析及CO_2通量测量结果显示玛多地震破裂带切割深度浅于东昆仑断裂带

研究区内的Ca/Mg比范围为1.27～12.67，平均值为3.82。且Na/K的比范围为2.87～18，平均值为8.55。根据离子比可以初步推断区域内泉水为横向流动的冷泉水，且石灰岩进行了水岩反应，石灰岩由富含Ca_2CO_3、Mg_2CO_3的方解石、白云石等碳酸盐岩组成。

破裂带附近的泉水中的Cl^-与$Na^+ + K^+$含量，整体明显高于东昆仑断裂带附近的泉水，可能与地震加剧水－岩反应中长石的水解有关。

东昆仑断裂带附近泉水中的Li（最大值为2014μg/L）远远大于地表破裂带周围泉水（6.56～43.0μg/L；图6-3），Li元素化学性质活泼，水解能大，易在温泉水中富集，且是深部液体上涌的标志性元素。这可能意味着东昆仑断裂带比本次地震断裂带切割深度更深。

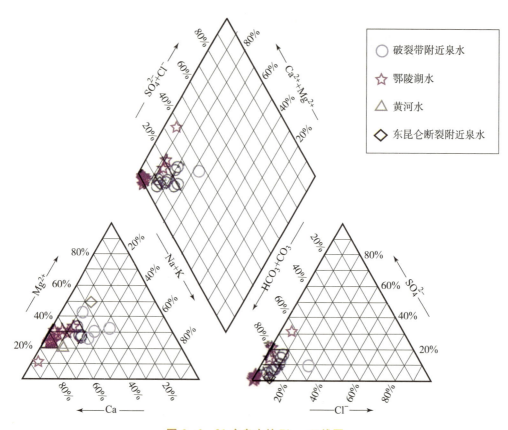

图 6-1　21 个泉水的 Piper 三线图

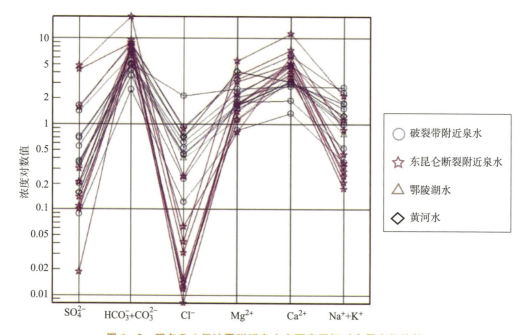

图 6-2　玛多 7.4 级地震附近泉水主要离子相对含量变化趋势

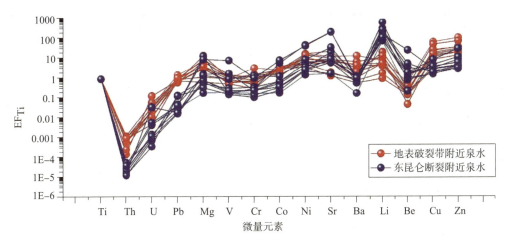

图 6 - 3　温泉中微量元素分布归一化为 Ti 富集系数的对比图

CO_2 通量观测结果也显示玛多地震地表破裂带 CO_2 脱气强度要显著低于东昆仑断裂玛沁—玛曲段。玛多地震地表破裂带 CO_2 通量基本小于 $100g \cdot m^{-2} d^{-1}$，东昆仑断裂玛沁—玛曲段 CO_2 通量多大于 $100g \cdot m^{-2} d^{-1}$。其原因可能是，东昆仑断裂是一条大型边界断裂，其切割较深、规模较大，CO_2 脱气强度要高于块体内次级断裂。

（二）定点地球物理资料同震响应及震后变化分析

青海地区定点地球物理台站有 23 个测项对玛多地震有同震响应，主要以形变类测项为主；响应形态主要呈尖峰状或阶梯状（图 6 - 4）。其中 18 个测项在震后迅速恢复，还有 5 个测点的 7 个测项在震后未能恢复至震前水平或趋势。需要关注上述未恢复台站后续资料的变化情况。

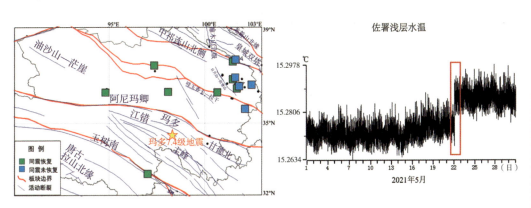

图 6 - 4　青海地区同震响应台站及其数据变化

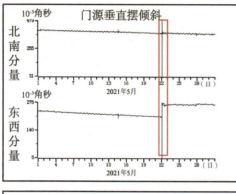
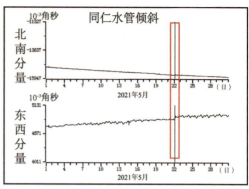
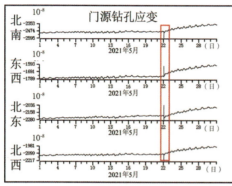
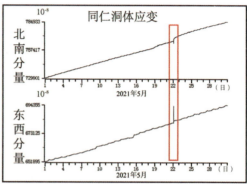
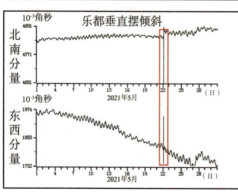
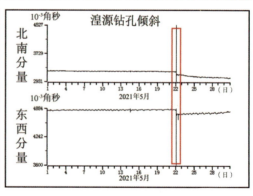

图6-4 青海地区同震响应台站及其数据变化（续）

（三）玉树水温异常分析

玉树水温测项自观测以来，在多次中强地震前均有震例对应，自2007年开始观测以来异常一共出现7次，异常对应率100%，对应5级以上地震（图1-16），一般在异常开始后3个月内发震，地震分散在青藏高原内部。为获得更为明确的时空强指示信息，以本次"突降—缓慢上升"的异常形态对震例进一步梳理，震例指示异常开始的3个月内青藏高原巴颜喀拉块体边界及其附近的7级以上地震（图6-6；芦山7.0级地震发生在观测数据断记期间，因此未进行统计）。异常指标通过预报效能检验的 R 值评分（$R = 0.61$，$R_0 = 0.45$）。因此在玉树水温异常上升恢复（图 6-5）的过程中发生的 2021 年 3 月 19 日西藏那曲比如 6.1 级地震研判认为非目标地震，异常仍需跟踪，2021 年 5 月 22 日发生的玛多 7.4 级地震满足异常所指示的时空强三要素特征。

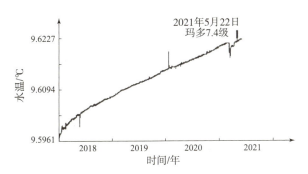

图 6-5　2018 年以来玉树水温整点值观测曲线

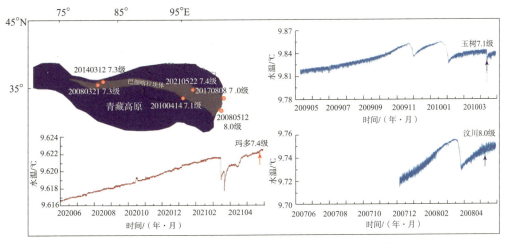

图 6-6　玉树水温 7 级以上震例分布和异常整点值曲线

（四）地磁异常综合分析对未来地震的空间指示意义

电磁学科组在玛多 7.4 级地震前利用地磁方法综合分析给出了半年尺度 6 级左右的判定意见，见图 6-7。最终在所给时间内发震，空间位置基本正确，强度偏低。此次异常跟踪实践表明，地磁方法综合预测对强震空间位置具有较为显著的指示。

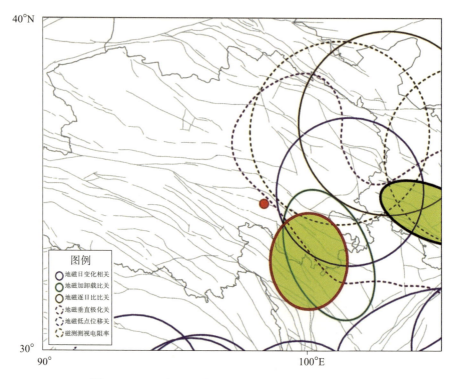

图 6-7 2021 年 5 月地磁异常综合预测区与玛多地震

图中，红圈为半年预测区，黑圈为一年预测区。

（五）流体成组同步异常的时间指示意义

震前青海地区共存在定点地球物理异常 10 项，其中 2021 年 2—3 月集中出现 4 项流体异常（图 6-8），台站分布没有显著集中现象，从青海东北部至南部均有分布。根据以往震例研究，上述 4 项流体异常对应的目标地震应在 3 个月内。事实上，玛多 7.4 级地震的发生符合震前预期。

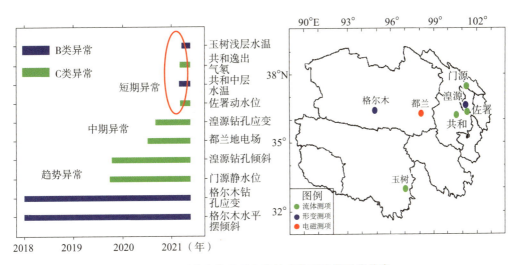

图 6-8　震前青海地区定点地球物理异常时空分布

五、小结

定点地球物理观测在震前、震时及震后均表现出较为显著的阶段性变化。其中，震前变化对今后强震趋势分析判定和短临跟踪存在重要的现实意义。而震后部分数据出现的新变化及未能恢复的变化也需要引起高度重视，并结合测震学及其他手段对震后趋势分析判定提供支撑。

流体地球化学分析结果显示此次地震断裂的切割深度浅于东昆仑断裂带切割深度。

第七章

青海玛多 7.4 级地震地壳应力应变场分析研究专题总结报告

一、工作概况

    ▶▶▶▶▶

    2021年5月22日青海玛多7.4级地震发生后，湖北省地震局（简称"湖北局"）、中国地震局第一监测中心（简称"一测中心"）、中国地震局地震预测研究所（简称"预测所"）分别组建GNSS科考工作队，赴震区开展GNSS观测工作。湖北局科考队在玛多地区布设了12个临时连续站，在玛多和玛沁玛曲地区复测了近70个流动观测点位，目前临时连续站仍在观测过程中。一测中心科考队在玛多、玛沁和玛曲地区架设了2个临时连续站，完成了23点次流动观测，在玛沁—玛曲地区新建了12个GNSS流动站，完成了8个新建站点第1期观测。预测所完成甘青川地区14个点位的流动观测，其中10个站点为预测所2009年建立的观测站点，4个站点为位于玛曲附近的国家测绘地理信息局流动观测站点。

    中国地震局地质研究所（简称"地质所"）、中国地震台网中心（简称"台网中心"）、中国地震局第二监测中心（简称"二测中心"）积极参与GNSS形变科考工作，甘卫军团队为野外科考提供了4个GNSS接收机

天线，台网中心收集青海省地理信息中心的GNSS连续站数据和兵器工业研究院GNSS连续站数据，与"陆态网络"GNSS数据一并解算。科考组对各单位提供的同震观测位移进行了基准转换，给出了统一的同震位移场，为研究玛多地震的发震机制和震后变形成因提供了基础资料。

（一）目标与任务

    基于GNSS观测手段计算震前区域地壳应力应变场，观测获取同震变形、震后弛豫变形，研究获取介质黏弹性参数，给出震前震后的形变变化特征。

（二）工作团队

    （1）湖北局GNSS科考工作队人员。

    玛多及周边区域：熊维、王迪晋；玛多及周边区域：刘刚、张怀；玛沁、玛曲：余鹏飞、熊仕昭。

    （2）一测中心GNSS科考工作队人员。

    玛多及周边区域：武艳强、占伟、金涛、徐凯、李玉来、梁洪宝、

尹海权、王友；玛沁、玛曲：杨博、李琦、何亚东；玛多、玛沁、玛曲：陈长云、王同庆、顾焕杰。

（3）预测所 GNSS 科考工作队人员。

松潘、平武、舟曲观测区域：孟国杰、赵国强、吴伟伟、佘雅文；成县、青川、九寨沟、玛曲观测区域：程旭、杨业鑫、刘泰。

（三）科考实施过程

2021 年 5 月 22 日青海玛多 7.4 级地震发生后，湖北局迅速组建 GNSS 科考工作队，分别于 5 月 23 日，5 月 24 日和 6 月 1 日，分 3 批携带 GNSS 设备奔赴震中区开展野外观测。湖北局共有 9 人参加此次 GNSS 科考工作，开展 GNSS 同震及震后形变观测，时间为 2021 年 5 月 23 日—6 月底，投入 33 套 GNSS 观测设备。同时在武汉设立联络处，协调野外观测工作。

一测中心也迅速组建了 GNSS 科考工作队，由 14 人组成，分成 4 个小组，分别于 5 月 23 日、5 月 24 日和 6 月 4 日分 3 批奔赴玛多震区开展野外观测，野外观测至 7 月 3 日结束。

预测所 GNSS 科考工作队有 7 人组成，携带 4 套 GNSS 观测设备于 5 月 24 日抵达四川，在甘青川交界地区开展 GNSS 观测工作，同时协助湖北局在玛曲开展观测 GNSS 观测，野外观测工作至 6 月 10 日结束。

二、现场工作

湖北局科考队在玛多地区布设了 12 个临时连续站（图 7 - 1 红色三角形点位），在玛多和玛沁玛曲地区复测了近 70 个流动观测点位（图 7 - 1 蓝色方块点位）。

一测中心 GNSS 现场工作分为 3 类：临时连续站观测与维护；流动站观测与维护；新建站点的勘选和埋石工作。

1. 临时连续站点的观测与维护

为了更好地获取玛多震后连续变形特征，一测中心选取发震断裂两侧的 J400 和 IG12 作为临时连续站进行观测，分别于 5 月 26 日和 5 月 28 日开始观测，定期巡视和更换电源。6 月 30 日 IG12 收测，7 月 1 日 J400 收测。

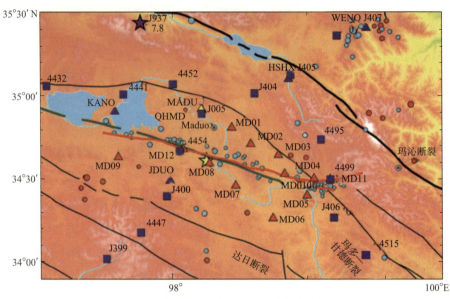

图 7-1　湖北省地震局 GNSS 科考站点分布

2. 新建站点的勘选与建设工作

为加强对东昆仑断裂带玛沁—玛曲段地震空区的监测，一测中心新建了 12 个 GNSS 流动观测站点（图 7-2 中圆点），这一方面延长了原有观测剖面，加强了对东昆仑断裂分支断裂阿万仓断裂的监测；另一方面，增加 1 条横跨玛沁—玛曲段的由 8 个测点组成的 GNSS 剖面。12 个新建站点中有 3 个为基岩点、9 个为土层点。

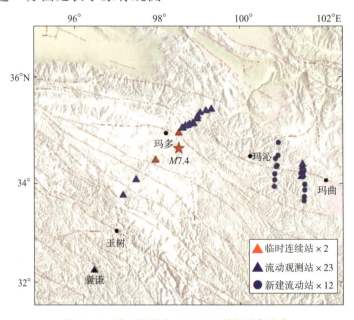

图 7-2　第一监测中心 GNSS 科考站点分布

3. GNSS 站点的流动观测和维护

此次地震科考，一测中心共完成 35 个 GNSS 站点的流动观测任务，每个站点观测不少于 72 小时。

预测所完成甘青川地区 14 个点位的流动观测，其中 10 个站点为预测所于 2009 年建立的观测站点（图 7 - 3），4 个站点为位于玛曲附近的国家测绘地理信息局流动观测站点。

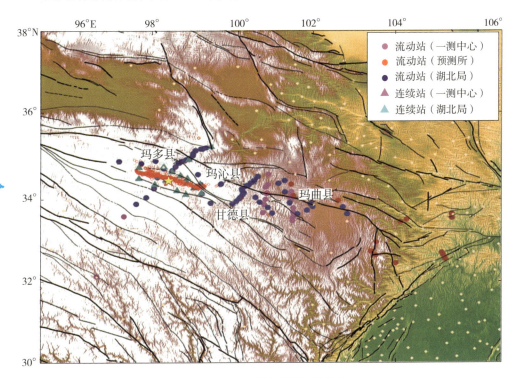

图 7 - 3　GNSS 科考观测点位分布

三、数据获取情况

湖北局通过 GNSS 应急观测获取了玛多 7.4 级地震震中附近 88 个站点的观测数据，同时通过多种渠道获得了部分测站的震前观测数据。震后 GNSS 连续站仍在观测中。

一测中心玛多地震 GNSS 科考工作获得了 2 个临时连续站 1 个多月的连续观测数据和 35 个流动观测站点不少于 72 小时的观测数据。

地震预测研究所对巴颜喀拉块体东边界的 11 个 GNSS 站点进行复测观测，获取了这些站点的同震位移和坐标时间序列结果。

四、研究分析成果和新认识、新发现

▶▶▶▶▶

（一）震前区域地壳形变特征

1. 速度场和应变场

（1）玛多 7.4 级地震震区 GNSS 相对于欧亚参考框架存在北东东向的整体运动，量值在 15～25mm/yr，西南区到东北区速度场量值逐渐减小。以震中附近青海玛多（QHMD）作为基准，揭示出震区西南部与东北部之间存在明显的相向运动，表明区域整体应力以左旋挤压为主。

利用 GNSS 速度场，通过多尺度球面小波方法解算巴颜喀拉块体及周边地壳形变应变率场，分析该区域的

应变积累特征与玛多 7.4 级地震的关系。图 7-4 给出了区域面应变率和主应变率。其中，底色为面应变率，代表单位面积的变化；冷色为压缩；暖色为膨胀；相互垂直的一对箭头为主应变率。区域内面应变率的积分为 -7.56×10^{-5}/yr，单位面积面应变率为 -3.1×10^{-9}/yr，表明研究区整体处于挤压状态。进一步分析可以看出，区域内地壳压缩和膨胀交替出现，而震中恰好位于地壳压缩和膨胀转换的区域。沿着东昆仑断裂带的主应变分布特征符合走滑断裂的应变积累特征，即主应变的方向总是与断裂

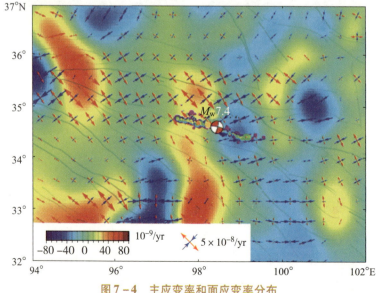

图 7-4　主应变率和面应变率分布

走向呈45°夹角，沿着此次玛多 M_W7.3 地震的余震分布方向也符合走滑断裂的上述应变积累特征，表明发震断裂震间期的应变积累特征与地震为走滑型为主的震源机制解较为一致。

2. 震前分期 GNSS 速度场

收集了 1999 年以来巴颜喀拉块体

所有 GNSS 数据，通过分期处理得到不同时段的速度场，结果显示出玛多地震震中位于最大剪应变率高值区边缘，处于最大剪应变率动态调整过程中的弱响应区（图7-5）。

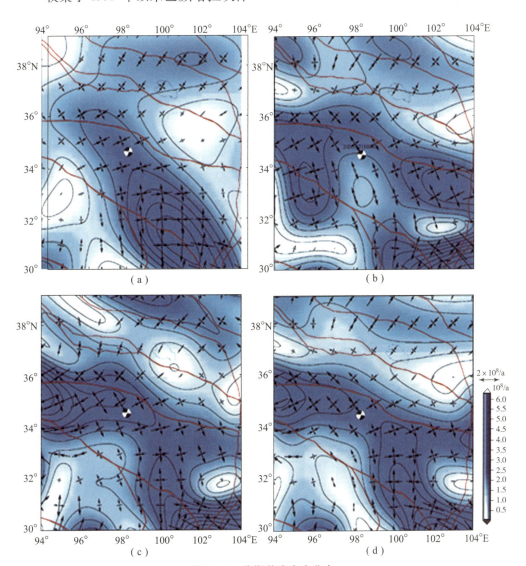

图7-5　分期剪应变率分布

（a）1999—2007 年；（b）2009—2013 年；（c）2013—2017 年；（d）2017—2020 年

3. InSAR 形变场分析

中南大学许文斌教授利用"哨兵1号"InSAR 数据得到了 2015—2021 年的震间形变场。升降轨均采用了 2015 年 3 月—2021 年 2 月除去 5—9 月的 SAR 影像，升轨共计 64 景数据，降轨 70 景数据；采用 3 种不同时空基线组合参与构网：①时间基线 270 ~ 540 天、空间垂直基线 0 ~ 10m；②时间基线 540 ~ 900 天，空间垂直基线 10 ~ 40m；③时间基线 900 天以上，空间垂直基线 40 ~ 100m。分别采用相位闭环 + 目视判别的方法剔除质量差的干涉对，剩余降轨 101 个干涉对，升轨 112 个干涉对。利用 NSBAS 方法获取了该地区升降轨平均形变速率，最后将两个轨道的平均形变速率分解为东西向和垂直向平均形变速率。

结果显示，东昆仑断裂带存在明显的沿断层走向运动（表现为左旋走滑），速率大约为 3mm/yr（图 7 – 6）。本次地震的发震断裂玛多—甘德断裂两侧无明显的震间地表变形梯度，表明该断裂震强处于强闭锁状态。

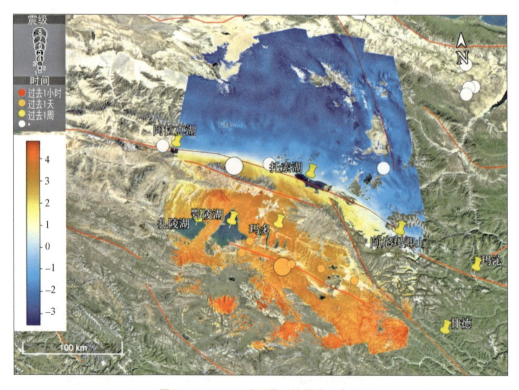

图 7 – 6　InSAR 观测得到的震前形变场

（二）同震变形特征

1. GNSS 同震位移场

利用中国地壳运动观测网络连续站和流动站、青海省测绘地理信息局GNSS连续站和兵器科学研究院GNSS连续站的数据，通过高精度数据处理获取地震前后各个测站的坐标。对于连续站，利用地震前后各4天测站坐标的平均差，得到同震水平位移和垂直位移；对于流动站，采用速度内插方法得到地震前和震后的坐标得到同震水平位移和垂直位移。水平位移场具有明显的四象限分布特征，符合走滑断层位错模型。同震应变释放主要集中在巴颜喀拉地块内部。在96°~102°E、32°~38°N范围内，垂直位移整体上具有下降的特征，玛多地震破裂带西南有个别点表现为上升。

把GNSS同震位移分解为平行和垂直东昆仑断裂方向上，分析断层两侧GNSS站点同震位移的差分，结果显示出与地震邻近的东昆仑断裂带对此次地震的响应不明显（图7-7），在垂直断裂带方向上表现出少量的挤压同震响应，表明东昆仑断裂可能处于较强的闭锁状态。

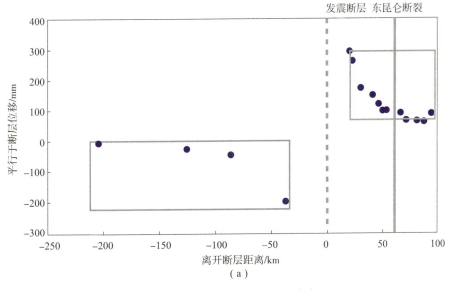

图7-7　东昆仑断裂同震形变响应

（a）平行方向

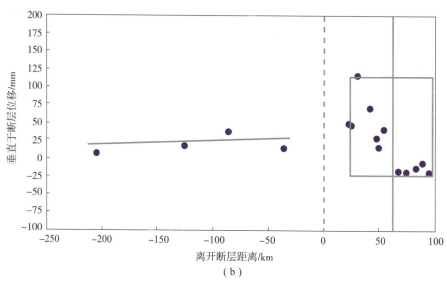

图 7－7　东昆仑断裂同震形变响应（续）

（b）垂直方向

2. 高频 GNSS 动态位移特征

利用 1Hz 高频数据采用 IGS 快速精密星历，获取了震时地表运动图像和同震水平位移场，从高频 GNSS 结果来看（图 7－8），此次地震的同震影响范围最远波及了东南方向的四川甘孜、炉霍一带，距离震中最近的青海玛多站（QHMD，震中距约 39km）震时动态响应最大振幅南北向达到约 16cm，东西向达到约 28cm。

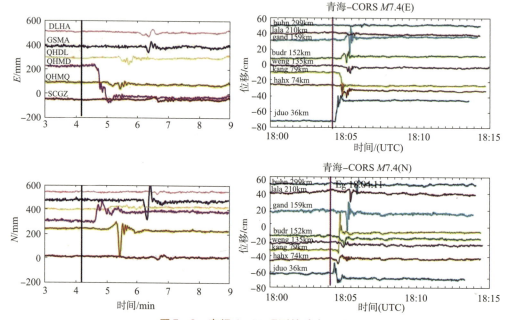

图 7－8　高频 GNSS 观测的动态位移

3. InSAR 同震形变场

利用 Sentinel–1A/1B 卫星的 IW 模式 SLC 数据，对玛多7.4级地震的同震变形场进行信息提取。通过"二轨法"对干涉像对进行处理，外部地形采用 SRTM 30m 数据进行拟合。经过相位解缠、地理编码、升降轨的同震变形场如图7–9所示。在降轨形变场中，破裂带北盘呈 LOS 向拉伸运动，南盘呈 LOS 向缩短运动，而在升轨形变场中，形变特征却正好相反。

升降轨的同震形变场呈现截然相反的特征，反应了该地震变形场以东西方向上的水平运动为主，表现出明显的左旋走滑特征。在降轨变形场上，北盘最大的 LOS 向拉伸变形约138cm，南盘最大的 LOS 向缩短变形约128cmm；升轨变形场上，北盘最大的 LOS 向缩短变形约148cm，南盘最大的 LOS 向拉伸变形约120m，断层两侧的相对 LOS 向运动可达2.6m，反映了地表破裂具有明显的错动位移。

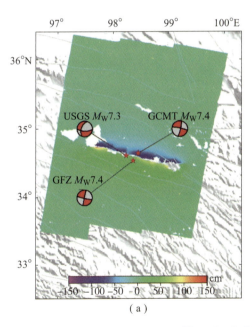
（a）

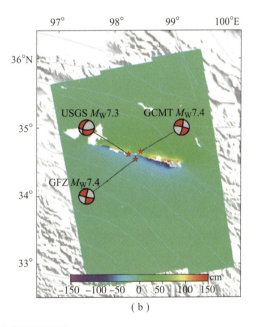
（b）

图 7–9　InSAR 同震形变场

（a）降轨形变场；（b）升轨形变场

4. 基于同震变形场反演的震源模型

首先利用 GNSS 同震位移进行反演，然后联合 GNSS 同震和 InSAR 同震位移进行震源模型反演。利用四叉树降采样方法将 InSAR 同震变形场进行降采样，采样点的最小间隔为1km，最大间隔为30km。根据 InSAR 的形变图

判断地表破裂带的空间分布，将断层离散化为 3km×3km 的子块，断层倾角采用 88°，走向东南。利用 crust1.0 地壳分层模型计算格林函数，通过 SDM 反演软件对断层滑动分布进行反演。反演时同时利用 InSAR 与 GPS 对滑动模型进行约束。断层滑动分布表明断层破裂总体走向 102°，长度约 150km，断层滑动主要发生在 15km 深度以上部位，平均滑动角 3.5°；最大滑动量约为 4.1m，位于破裂东侧的深度 1.5km 处，最大滑动量处的滑动角约 -2.6°，地震释放的矩能量约 $1.67×10^{20}$（剪切模量取 30GPa），矩震级约为 $M_W7.42$。基于 GNSS 的同震滑动模型显示断裂带可能存在 4 处明显的凹凸体，最大滑动量接近 4m，发生在断层东端的昌马河乡附近。GNSS 与 InSAR 的联合反演获得的同震滑动模型同样勾勒出 4 个主要破裂区域，最大滑动量 4.7m，位于昌马河段。加入 InSAR 数据的联合反演模型显示出更多的细部特征。

（三）震后变形特征

利用 QHMD 连续站 2012—2018 年的时间序列拟合震间运动速率和周期性非构造变形，从震后坐标时间序列中扣除其影响，获得震后变形时间序列。测站 QHMD 观测到显著地震后变形，其方向与同震变形的方向相同，表明震后余滑继承了同震破裂的特征。采用对数模型拟合震后初期的变形。约束南北分量和东西分量的 τ 相同，对两个分量的震后变形时间序列同时建立震后变形函数模型，计算结果显示，衰减时间 τ 为（61.7±0.5）天，数据拟合结果如图 7-10 所示，可以看出，采用主要表征震后余滑特征的对数衰减模型准确地拟合了测站 QHMD 在震后 17 天内观测到的震后变形。在东西分量，震后变形的方向为向西，与同震位移的方向相同，衰减常数和衰减振幅分别为（5.4±0.6）mm 和（-4.7±0.6）mm；在南北分量，震后变形的方向为北向，也与同震位移的方向相同，衰减常数和衰减振幅分别为（2.4±0.6）mm 和（-2.3±0.5）mm。

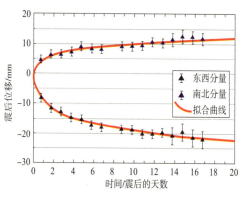

图 7-10 GNSS 测站 QHMD 震后变形时间序列

以 5 天作为统计时长得到不同时段内震后变形的变化特征，震后变形呈现出快速的衰减特征，在地震发生后最初的 5 天之内，其变形量达到了 20 天内变形总量的 72%，而在之后的 3 个 5 天之内，只是分别占到了 20 天内总量的 14%、8% 和 6%。将震后变形量换算成年平均速率，呈现出同样的非线性衰减特征，虽然东西分量和南北分量的衰减特征一致（同一个衰减特征时间），但衰减的速率在两个分量呈现出差异性，这与地震同震和震后余滑的震源机制解密切相关。

考虑震中距 50km 内的 QHMD、IG12、J400 及 50~300km 内的 QHBM 和 QHDL 共 5 个测站。其中 IG12 和 J400 两个测站震后进行了应急观测，数据时长为年积日 147~183 天（玛多

7.4 级地震发生在年积日 142），QHMD、QHBM 和 QHDL 3 个测站为了陆态网络 GNSS 连续站（图 7 - 11），震后数据截取到年积日为 195 天（UTC 时间为 7 月 14 日）。

J400、QHMD、QHBM 和 QHDL 4 个测站采用 2016—2020 年数据计算得到玛多地震震前线性运动速率，并在震后序列中进行去除。IG12 测站采用 2006 年、2007 年及 2010 年 3 期流动观测数据计算震前线性运动速率获取。各测站震后时间序列采用对数函数模型进行拟合。

图 7 - 12（a）和（b）给出了玛多地震震中北侧的 IG12 和 QHMD 测站时间序列。从中可以看出，IG12 和

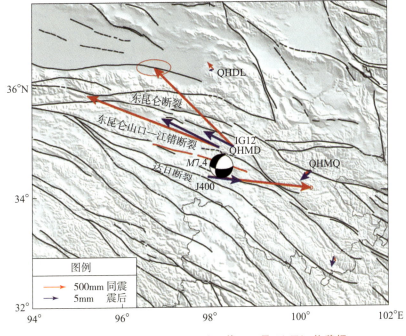

图 7 - 11　GNSS 同震、震后（截至 7 月 14 日）位移场

QHMD 测站震后继续北西向运动，而震中南侧的 J400 测站继续南东向运动，并且这种运动速率逐渐衰减。3 个测站震后水平运动方向与同震滑移运动方向一致，表明其震后活动继承了同震破裂的特征，其中 QHMD 测站 53 天向西累积发生约 17mm 滑移，向北发生约 7mm 滑移。这种现象可能是早期的余滑机制导致的；图 7 - 12 显示这种余滑仍在进行，后续仍需持续关注。J400 和 IG12 由于缺乏震后早期一周的数据，显示震后 7 ~ 40 天，IG12 向东累积发生约 8mm 滑移，向北发生约 6mm 滑移，J400 向西累积发生约 11mm 滑移，向南发生约 1.5mm 滑移。图 7 - 12 （d）~（f）展示了震中较远的 QHBM、QHDL 和 QHMQ 测站去除震前线性运动速率后的震后时间序列，这 3 个测站水平方向的震后形变并不显著。

（四）同震及震后库仑应力

设接收断层的倾角为 80°，东昆仑地区断裂带以左旋走滑为主，滑动角设为 0°~45°，走向在 90°~100°，假定有效摩擦系数 $\mu = 0.4$，分别计算玛多地震同震和震后岩石圈松弛在接收断层产生 10km 深度的库仑应力变化。震后库仑应力计算采用 3 个分层的岩石圈分层模型（Shan et al.，2015）。同震及震后库仑应力结果显示，玛多地震引起东昆仑断玛沁—玛曲段应力加载，表明该断裂段存在地震危险性增强的特征，同时龙日坝断裂的北段同震和震后库仑应力变化也超过应力触发的阈值，其地震危险性也值得关注。

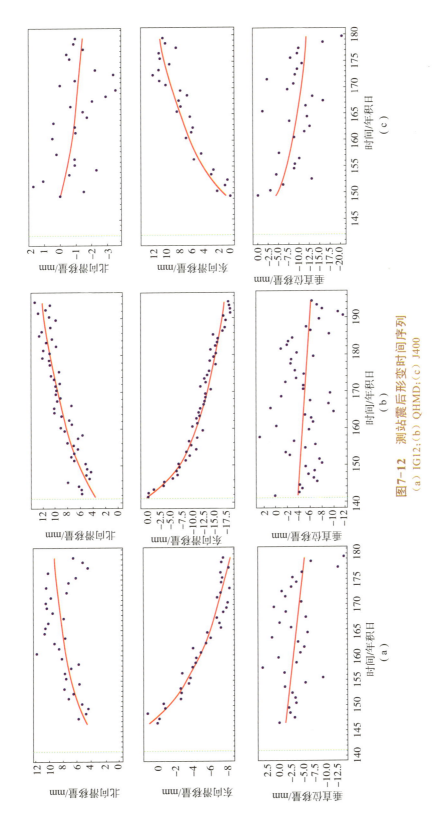

图7-12　测站震后形变时间序列

(a) IG12；(b) QHMD；(c) J400

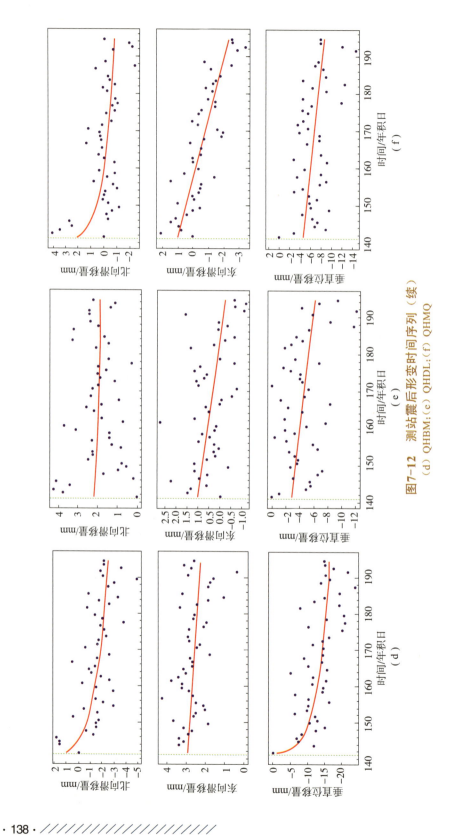

图7-12 测站震后形变时间序列（续）
(d) QHBM；(e) QHDL；(f) QHMQ